JN440915

나는 물리학으로 세상을 다르게 본다

BUTSURIGAKUSHA NO SUGOI NICHIJO by Koji Hashimoto
Copyright © 2024 Hashimoto Koji
All rights reserved.
First published in Japan by SHUEISHA INTERNATIONAL INC., Tokyo

This Korean language edition is published by arrangement with SHUEISHA INTERNATIONAL INC., Tokyo
in care of Tuttle-Mori Agency, Inc., Tokyo, through Imprima Korea Agency, Seoul.

이 책의 한국어판 출판권은
Tuttle-Mori Agency, Inc., Tokyo 와 Imprima Korea Agency를 통해
SHUEISHA INTERNATIONAL INC.과의 독점계약으로 (주)도서출판 길벗에 있습니다.
저작권법에 의해 한국 내에서 보호를 받는 저작물이므로 무단전재와 무단복제를 금합니다.

하시모토 고지 지음 | 정문주 옮김

더퀘스트

물리학자가 들려주는 놀라운 일상이 궁금하신가요? 길 위에 쏟아지는 여름철 쨍쨍한 햇볕을 피하는 과학적인 방법, 가족과 복숭아를 공평하게 나눠 먹는 방법, 그리고 버스와 지하철에서 자리에 앉는 물리학자의 비법도 소개되어 있는 재밌는 책입니다. 옆자리에서 다리 떠는 사람의 진동을 상쇄시키려 물리학을 동원하는 저자의 모습을 떠올리며 웃을 수도 있습니다. 낄낄 웃으며 책장을 넘기다가도, 사랑하는 이의 상실을 담담히 서술하는 저자의 마음에 숙연한 감동도 느낄 수 있는 좋은 책입니다. 저자는 이 책을 꼭 어린이의 손에 닿는 곳에 보관하라고 당부합니다. 많은 이가 물리학자의 시각에서 일상을 생각해 보는 소소한 즐거움과 감동을 함께 하기를 바랍니다.

_김범준(성균관대학교 물리학과 교수, 유튜브 <범준에 물리다>)

단순히 단어를 많이 아는 것과 글의 문맥을 이해하고 나아가 글 너머의 이야기를 상상하는 건 엄연히 다르다. 인공지능 시대가 도래하면서 우린 흔히 코딩, 컴퓨터 키보드로 명령어를 입력하는 그 행위 자체에만 몰두하는 경향이 있다. 하지만 그건 단어를 줄줄 외우는 것에 지나지 않는다. 본질은, 컴퓨터가 마치 사람이 하늘을 보고 세상을 느낄 수 있도록 우리 앞에 펼쳐진 이 아날로그의 세계를 어떻게 디지털로 번역하는지에 있다.

수많은 공기 분자가 바람을 따라 흘러가고, 파도 속의 물분자가 일렁이고, 우리 머리 속에 그물처럼 얽혀 있는 수많은 신경세포들이 전기 신호를 주고 받는 그 모든 기적 같은 순간에는 사실 거스를 수 없는 수학과 물리학이 작동한다. 컴퓨터의 눈으로 이 우주를 바라보려면, 그리고 컴퓨터가 우리처럼 우주를 바라보게 해주려면 이 우주를 수학과 물리학의 언어로 번역해주어야 한다. 모든 것을 물리학의 눈으로 느끼고 바라보는 것. 바로 그것이 인공지능 시대를 맞이한 우리에게 가장 중요한 덕목이자, 살아남기 위한 생존의 필요조건이 될 것이다. 이 책과 함께 오감을 넘어선 물리학적 감각이라는 여섯 번째 감각이 오랜 잠을 깨고 슬며시 발현되기 시작하는 걸 느낄 수 있다.
너무 재미난 책이었고, 나에게도 큰 공부가 되었다.

_지웅배(천문학자, '우주먼지')

보통의 과학 도서와 다르다. 너무 즐거워하면서 이야기하듯 쓴 글이란 게 느껴졌다. 나도 덩달아 학교 가는 버스 안에서 단숨에 읽어버렸다. 소중한 사람에 대한 기억마저 물리학으로 설명하다니 놀랐다. 섬세한 감성이 느껴지면서도 논리적이고 정량적인 이유가 있어서 너무나도 물리학자답다고 생각했다. 물리학을 공부하면서도 복잡한 문제에 말고는 적용해볼 생각을 별로 못 해봤는데, 이 책을 읽고 주변 모든 것들에 물리학의 사고 방식을 적용해보고 싶어졌다. 예를 들면 지금은 좋아하는 애의 마음을 얻는 방법, 환승 시간을 최소로 하면서 지하철을 타는 방법에 대해 물리학적으로 생각 중이다. 아무 다를 것 없는 평범한 일상이었는데, 생각하는 방식을 바꾸니까 달라 보였던 것들이 서로 꿰어지고, 광대한 우주의 시야로 세상을 바라보게 된 느낌이다.

_김영연(서울대학교 물리천문학부 학생)

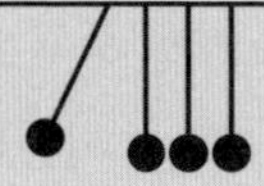

들어가며

전작 《세상에서 가장 재미있는 물리 이야기》를 많은 분께서 복용해 주신 덕분에 큰 사랑을 받았습니다. '전철에서 웃음을 참느라 너무 힘들었다, 사람들 앞에서는 복용하지 말자'는 조언(?) 같은 기쁜 소감도 많이 받았습니다.

이번 책은 더 길고 즐거워진 글들로 구성했습니다. 전작 복용 후 물리학의 입구에 들어서 버린 고객님. 그런 책은 모르겠고 물리학자의 일상은 조금 궁금하다는 고객님. 전철에서 (키득거림을 꿀꺽 삼키며) 딱 읽기 좋은 길이의 책을 기다린 고객님, 드디어 배송이 시작되었습니다. 기뻐해주세요.

그리고 이번에 물리학 월드에 처음 발을 내디딘 고객님, 안심하세요. 이곳은 그리 위험하지 않답니다. 초대한 본인이 하는 말이라 신뢰도는 떨어질 수도 있지만, 저 스스로는 물리학자의 일상을 아주 즐겁게 살아가고 있습니다. 그 즐거움을 이 책에 엮어두었습니다.

자, 여기까지 읽으신 독자 여러분 중에는 '저자가 장난을 치나?'라고 느끼는 분도 계실 겁니다. '책을 약이라고 착각하는 거야?' 하고 말입니다. 그런데 사실, 그것이 바로 물리학의 입구입니다.

물리학은 '닮음'을 탐구하는 학문이라고도 말할 수 있습니다. 예를 들어, 물질 안에서 일어나는 초전도라는 현상이 실은 우주 전체에서 일어나는 현상과 닮았다고 생각한 물리학자는 그 공로로 노벨상을 받았답니다. 아니, 그 큰 우주와 그 작은 물질이 비슷한 현상을 보인다니 흉내 내기 스케일이 무척 남다르지요?

어떤 희한한 현상을 보면 저 같은 물리학자는 원리를 밝혀내고 싶다는 도전 의식이 샘솟습니다. 이걸 어떻게 밝혀내지 싶을 때, 실마리가 되는 것은 바로 "비슷한 다른 현상은 없을까?"라는 발상입니다.

여러분은 학교에서 원자의 구조를 배우셨을 겁니다. 가운데 원자핵이 있고 그 주위를 전자가 둥근 궤도를 그리며 돌지요. 이거, 어디서 본 적 있지 않나요? 맞습니다. 태양계예요. 중심에 태양이 있고 그 주위를 행성들이 둥근 궤도를 그리며 돌지 않습니까? 쏙 빼닮았어요. 저도 어릴 적 이 둘이 닮았다는 사실에 깜짝 놀랐습니다. '혹시 원자 안에 태양계가 있고 그 안에 또 원자……가 계속 반복되는 건 아닐까?'라는 상상이 들 때는 무섭기까지 했습니다.

물론 태양계와 원자는 다릅니다. 우선 크기가 전혀 다르지요. 자세히 말하면 태양계를 형성하는 중력의 법칙과 원자를 형성하는 양자역학의 법칙은 다릅니다. 그런데 원자에서 원자핵과 전자를 묶어두는 힘인 전자기력은 중력과 마찬가지로 '역제곱 법칙'을 따릅니다. 묘하게 닮아 있는 거지요. 신기하지 않나요?

이처럼 '닮음'을 끝까지 파고들다 보면 그 속엔 늘 새로운 발상이 숨어 있습니다. 물론 책과 약은 다릅니다. 하지만 둘 사이에 닮은 점이 있다면 어떨까요? 결과도 비슷하게 나타나지 않을까요?

만약 닮아 있다면, 한쪽에서는 이미 알려진 사실이 다른 한쪽에서는 미처 알려지지 않은 위대한 발견이 되지 않겠습니까?

이런 식으로 생각하면 여러분 주변의 일상이 물리학자들이 즐겨 쓰는 말 그대로 "논트리비얼(Non-trivial 자명하지 않음)" 하게 보이기 시작합니다. 보세요, 이 책도 벌써 논트리비얼하게 느껴지지 않나요? 여러분에게 이미 이 책의 효능이 조금씩 듣기 시작한 겁니다! 자, 그럼 다음의 '사용상의 주의사항'을 잘 읽고 용법·용량을 지켜 올바르게 사용해주세요.

[사용상의 주의사항]

1. 다음과 같은 사람은 복용 전 서점에 상의하십시오.

① 물리학으로 인해 알레르기 증상(발진 등)을 일으킨 적이 있는 사람

② 이미 물리학자인 사람

2. 복용 후 다음 증상이 나타날 경우, 부작용일 가능성이 있으니 즉시 복용을 중단하십시오.

• 일부러 이과 전문용어를 남발해 주위의 눈총을 받는다

• 복용 전보다 이과 혐오가 심해진다

[효능·효과]

이과 능력 강화, 이공계적 감각 및 논리적 사고력 강화,

이과 언어 습득, 논리 독해력 향상

[용법·용량]

1일 1회 적당량을 읽어주십시오(단, 소아의 경우 보호자의 지도 감독하에 복용하십시오. 참고로 본서의 사용 연령은 생후 144개월 이상입니다. 본서는 내복을 금지합니다).

[성분 및 작용]

1쪽 중 유효성분

이과 전문용어(약 1단어) …… 이과 언어를 습득한다

논리적 전개(약 1단락) …… 논리력을 강화한다

물리학자가 된 느낌(약 1단락) …… 물리학자의 머릿속으로 초대한다

• 그 외, 첨가물로 물리학 전문용어 해설 칼럼 함유

[보관 및 취급 시 주의사항]

① 이 책을 복용하더라도 반드시 물리학자가 탄생하는 것은 아닙니다.

② 이 책은 복용하기 쉽도록 에세이 형식을 취하고 있습니다. 따라서 내용과 효능에 대해 다른 물리학자가 이 책의 모든 것에 동의할 가능성은 낮습니다. 한 명의 물리학자인 저자의 개인적 마음과 경험이 담겨 있으니, 그 점을 감안하여 복용해주세요.

③ 이 책은 제네릭 서적입니다. 도서 《세상에서 가장 재미있는 물리 이야기》를 함께 복용하셔도 부작용은 없습니다.

④ 어린이의 손이 닿는 곳에 보관하십시오.

차례

Prelude
뛰어다니는 물리학자들

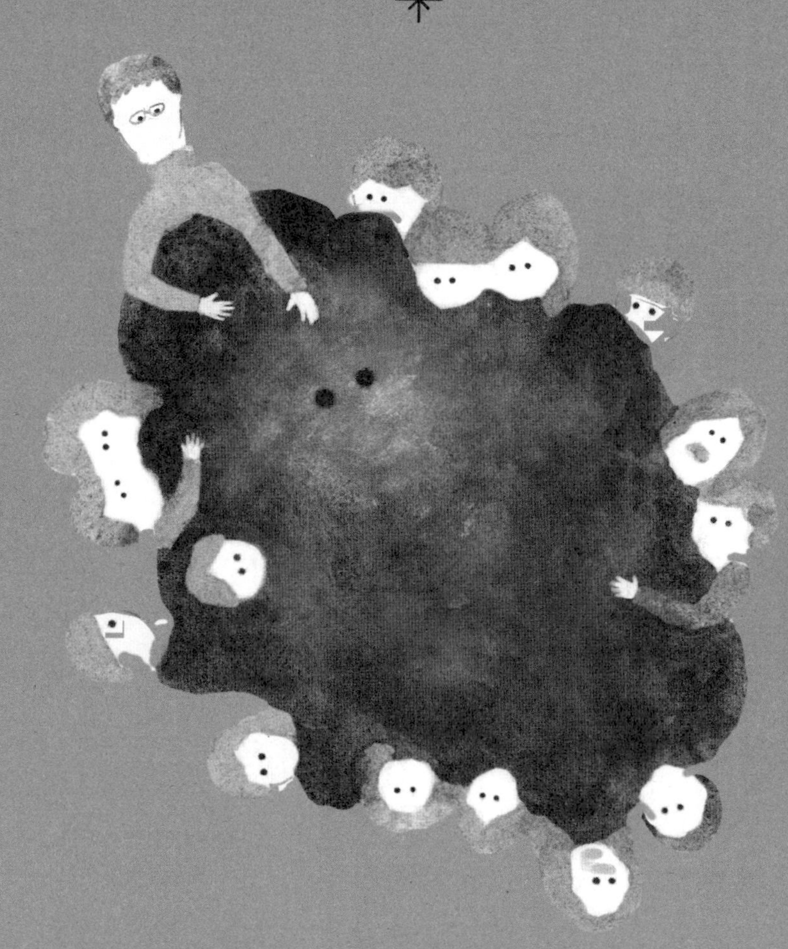

•

도쿄를 출발한 신칸센 열차 안에서 이 글을 쓰고 있다. 기분이 한껏 들떴다.

조치대학에서 열린 학습 물리학 토론회에서 발표를 하고 다른 물리학자들의 발표에 귀 기울이다가 열띤 논의까지 벌였더니 즐거워 어쩔 줄 모르겠다. 젊은 학자부터 노학자까지 눈을 반짝이며 새로운 연구 성과와 이후의 가능성을 이야기 나눴다.

'학습 물리학'이라는 말은 사실 내가 만든 조어다. 기계학습과 물리학을 융합해 새로운 물리학을 시도하고 싶었다. 기계학습이란 말할 것도 없이, AI의 심장을 가리킨다.

지금 학술계 최전선에서는 이런 엄청난 일이 벌어지고 있다. 서서히 흥미를 느낀 사람들이 늘어나서인지 정부에서도 '미래 지형을 바꿀 만한 파괴적 잠재력을 지닌 연구'(학술변혁영역연구)로 인정받아 예산을 받았고 내가 영역 대표를 맡고 있다.

"AI가 인간의 일을 빼앗는다", "AI가 세상을 지배한다" 같은 성급한 결론으로 뛰어들어서는 안 된다. 새로운 시대가 온 것이다. 과학에도, 사회에도, 동시에. 이건 너무도 재미있는 일이다.

조금 다른 물리학의 시작

학습 물리학— "그게 뭐야, 입시 공부 얘기야?"라는 소리가 들려오는 듯하다.

이것은, 토론을 사랑하는 약 100명의 물리학자들이 모여 만든 신생 연구 커뮤니티다. 시작은 6년 전으로 거슬러 올라간다. 그날, 우리 물리학자들은 한 장소에서 이리 뛰고 저리 뛰고 있었다.

일본물리학회 연례 학술대회는 전국에서 모인 물리학자 수천 명이 흩어져 분야별 강연을 듣는 방식으로 열린다. 6년 전에 열린 대회에서 나는 이 강연장 저 강연장으로 정신없이 뛰어다니고 있었다. 소립자론 강연장에서 통계역학 강연장으로, 다음은 원자핵 이론 강연장으로.

강연장을 나서려 했더니 나처럼 서둘러 뛰쳐나가는 물리학자가 있었다. 그는 내가 향하려던 바로 그 강연장으로 달려가고 있었다.

그때 깨달았다.

'나와 같은 시간에 같은 길을 달리는 생면부지의 물리학자가 몇 명씩이나 있구나.'

사실 나는 "기계학습을 물리학에 적용했다"는 내용의 발표만 골라 들으며 회장을 돌아다니고 있었다. 기계학습은 일종의 기법이므로 이를 적용할 수 있는 대상은 다양하다. 소립자 물리학에 적용한 연구가 있는가 하면 물성 물리학에 적용한 연구도 있다.

"기계학습"이라는 키워드로 제목을 검색하면 발표가 어느 강연장에서 열리는지 검색된다. 그걸 다 들으려 하다 보면 필연적으로 회장 안을 여기저기 옮겨 다녀야만 했다.

나처럼 강연장 사이를 정신없이 뛰어가는 사람에게 말을 걸었다.

"기계학습 강연 들으려고 뛰시는 거죠?"

그날 밤, 그렇게 뛰어다니던 사람들이 한 술집에 모였다. 대회가 열리는 날에는 대개 친목회라는 술자리가 열린다. 물리학자 수천 명이 한 도시에 모이기에 근처 술집이 물리학자로 가득 찬다. 어느 가게에 들어가도 물리 용어와 수식이 난무하니 그야말로 쾌적함 그 자체인 환경이다. 그런 전통 속에서, 우리는 새 얼굴들끼리 모여 앉았다. 훗날 '학습 물리학'의 핵심 젊은 멤버가 될 사람들이 운 좋게도 인연을 맺게 된 것이다.

사정을 들어보니 다들 난처한 상황인 듯했다.

'AI는 엄청나며, 물리학에 혁신을 가져올 것 같아 배우고 싶고 활용하고 싶다. 하지만 정보가 없다. 누구에게 물어야 할지 모르겠다'는 것이 중론이었다. 술자리는 '그럼 모임을 만들자'는 합의를 보며 마무리

인공지능(AI, Artificial Intelligence) | 중학교 수준 용어

기계학습에서 '기계'란 컴퓨터를 말하며, '학습'이란 데이터를 자동으로 배워 특징을 읽어내거나 예측하는 것을 말합니다. '기계'가 '학습'하는 일, 그러한 데이터 해석법을 기계학습(Machine Learning)이라 부르는 것입니다.

인공지능(AI)이란, 외부에서 받아들인 이미지나 음성 등의 데이터를 자동으로 해석하고 배워서 그에 대해 다양하게 반응하는 기능을 지닌 컴퓨터 프로그램을 말합니다. 그러니 기계학습은 AI의 심장부라 할 수 있습니다. 어쩌면, 심장이라기보다 뇌라고 하는 편이 더 적절하겠네요. 기계학습은 다름 아닌 우리 뇌의 구조를 본뜬 프로그램이니까요.

+ 더 알고 싶은 분에게

관련 서적(일반용) : 《ニュートン超図解新書 最強に面白い 人工知能 ディープラーニング編(뉴턴 초도해 신서 최강으로 재미있는 인공지능 딥러닝 편)》 松尾 豊(마츠오 도요) 감수, ニュートンプレス, 2023

우주와 AI가 연결될지도 몰라

이후 우리는 국제회의를 열거나 학회에서 심포지엄을 개최하며 '동료가 동료를 부르는 구조'를 만들었다. 2020년 5월 팬데믹 시기 한가운데서 시작한 온라인 세미나에는 무려 천 명이 넘는 연구자가 등록해 격주마다 토론을 펼쳤다.

물리학 연구는 본래 국제적이라, 다른 나라 연구자들도 비슷한 갈증을 느끼고 있었던 모양이다. 점차 국경을 뛰어넘는 연결망이 형성되기 시작하더니 국제 연구회가 여럿 조직되었다. 2023년 가을, 우리 학습 물리학자들은 유럽과 미국 등 전 세계에서 불러 모은 동지들과 함께 국제회의를 성황리에 개최했다.

이제 '단순히 즐겁기만 한 취미' 수준이 아니었다. 새로운 분야가 탄생한 것이다.

학습물리학의 시작은 나에게도 갑작스러웠다. 2017년경 AI를 배우고 싶었던 나는 멋대로 연구회를 기획했다. 그 자리에 AI의 핵심 기능을 제안한 신경과학자 아마리 슌이치(甘利俊一, 1936~) 교수님 등을 초빙해 AI가 작동하는 원리를 상세히 배웠다.

한 발표자가 꺼낸 그림을 본 순간, 내게는 번쩍 하는 깨달음이 스쳤다.

'AI라는 건 내가 연구 중인 블랙홀과 똑 닮았잖아?!'라고.

오토인코더(Autoencoder)라는 한 기계학습 모델을 나타낸 그림이었는데, 그 그림이 중력의 양자론을 다룰 때 자주 쓰이는 블랙홀 그림과 흡사하다고 느낀 것이다. 한번 그런 생각이 들자 그렇게밖엔 보이지 않았다.

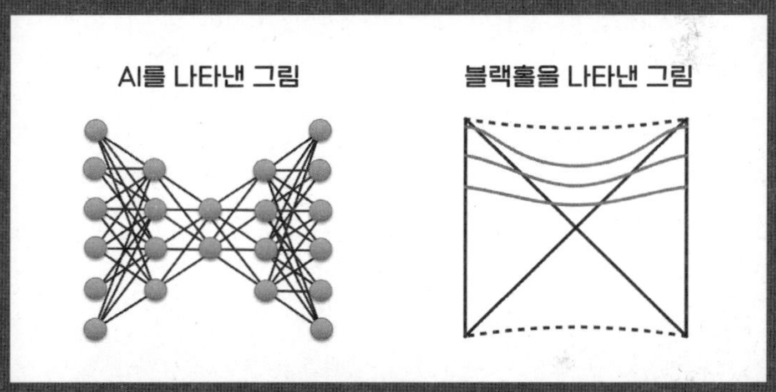

더 정확하게 말하면, 왼쪽은 '오토인코더'라 불리는 기계학습 모델이며
오른쪽은 'AdS 블랙홀의 펜로즈 다이어그램'이라 불리는 그림이다.

뇌 기능을 흉내낸 AI 신경망이 블랙홀과 똑같이 생겼다? 말이 안 된다고 생각하면서도 관련 연구를 이리저리 살펴봤다. 확실히 닮았다.

'그렇다면, 우주와 AI가 수학으로 연결될지도 몰라.'

문득 열여덟 살 때의 기억이 떠올랐다. 지금은 돌아가신 소립자 물리학자인 다나카 쇼 선생님이 세미나에서 이렇게 말씀하셨다.

"일반 상대성 이론이 아름다운 이유는, 일반 좌표 변환 불변성이란 게 인간의 뇌가 세계를 인지하는 방식과 같기 때문이야."

대학에 막 입학한 나는 선생님이 무슨 말을 하시는지 알 수 없었다. 그 '알 수 없음'이 줄곧 마음에 남았다.

일반 좌표 변환 불변성이란, 좌표를 어떻게 변환해도 현상은 변치 않는다는 성질을 말한다. 물리학의 온갖 현상은 시공간 속에서 발생하는데, 예컨대 공간의 x, y, z축을 설정하는 방법을 바꾸더라도 현상 자체는 달라지지 않는다는 것이다. 좌표는 인간이 도입한 도구이니 현상의 본질이 그에 좌우되지 않는다는 건 어쩌면 대단히 자연스러운 생각이다. 아인슈타인은 이 원리만으로 중력의 기초방정식을 도출하는 데 성공했다.

나는 중력 이론을 써서 연구하게 된 20대 중반에야 드디어 선생님의 말씀이 무슨 의미인지 알았다. 그리고 '틀림없이 그렇다'고 점점 동의하게 되었다. 하지만 정식으로 물리학을 이용해 증명하지는 못한 채 세월이 흘러버렸다. 과연 '인간의 인지 방식'과 '중력의 기초 원리' 사이에는 관련이 있을까?

그리고 마침내, 그 '알 수 없음'을 해소할 순간이 왔다. 2017년 연구회에서 인간의 인지를 본뜬 AI와 중력 이론을 잇는 핵심 연결고리를 찾은 것이다!

나는 연구회의 젊은 연구자들에게 아이디어를 이야기하고 다같이 발상을 구체화해 나갔다. 그리고 몇 달간 매달린 끝에 중력 이론과 AI를 연결 짓는 논문이 완성되었다. 다나카 선생님의 말씀을 들은 지 25년이 흐른 뒤였다.

돌아보면, 어린 시절의 그런 '알 수 없음'들을 껴안은 채 연구자가 되었다. 이 사실을 잊은 척하면서 다른 연구에 힘쓰며 살아왔다. '알 수 없음'을 머릿속 깊은 서랍에 넣어두고 이따금 열었다가 도로 닫아버리기를 반복했다. 수십 년의 세월이 지나 마침내 그것들을 서랍에서 꺼낼 수 있었고, 앞으로 공동연구자들과 함께 다듬고 성숙시켜 세계로 알려나갈 예정이다.

학습 물리학이라는 신생 분야에 이만큼 활력 넘치는 연구자들이 모인 것을 보면 그들도 나처럼 오래전부터 풀고 싶은 문제를 안고 살아온 사람들이 아닌가 하는 생각이 든다. AI의 기술 혁신을 바로 옆에서 지켜보며 '혹시 AI를 이용하면 내가 오랫동안 고민해온 문제에 빛이 비칠지 모른다'고 느낀 이들이 많았던 게 아닐까. 실제로 계산을 손으로 하던 시절의 물리학자들이 현재 학습 물리학 커뮤니티의 핵심을 이루고 있다.

학문이란 새로 만들려 한다고 해서 만들어지는 게 아니다. 한 명의 학자가 만들 수 있는 것도 아니다. 우연히 같은 마음을 가진 연구자들이 만나 새로운 아이디어가 모이고 들끓어 오르는 순간, 새로운 학문은 탄생한다. 그 학문에는 늙은이도 젊은이도 없다. 모두가 제로의 출발선 위에서 달려 나간다. 그렇기 때문에 모두의 눈이 이토록 반짝이는 것이다.

용어 해설

일반 좌표 변환(General Coordinate Transformations)

| 대학교 수준 용어

아인슈타인이 생각해낸 중력 이론은 '어떤 원리'를 바탕으로 방정식이 유도됩니다. 그 원리란, '일반 좌표 변환으로 방정식이 바뀌지 않는다'는 성질입니다. 좌표 변환은 좌표를 다르게 잡아보는 일이고, 모든 가능한 방식으로 좌표를 바꿔 잡는 일을 '일반 좌표 변환'이라 부르지요. 물리학에서는 공간 좌표와 시간 좌표를 써서 다양한 물리량을 기술합니다. 예를 들어, 자기장이 공간의 어느 지점에서 강한지를 나타내고 싶을 때 자기장은 좌표 x, y, z, t(시간)의 함수로 표현합니다. 원점을 어디에 둘지, x축을 어느 방향으로 할지, 축의 눈금을 어떤 간격으로 잡을지 등은 현상을 설명하기 위해 인간이 임의로 선택하는 척도입니다. 그렇다면 척도를 바꿔도 현상 자체는 변하지 않는 것이 자연스럽겠지요? 이 원리를 '일반 좌표 변환 불변성'이라 부르며, 이것은 중력의 기초 원리가 됩니다.

+ 더 알고 싶은 분에게

관련 서적(일반용) : 《중력, 우주를 지배하는 힘: 아인슈타인의 상대성 이론부터 초끈이론까지》 오구리 히로시 저, 박용태 역, 지양사, 2013년

시작은 물리학이었다

AI 즉 인공지능이란, 인간의 지능을 흉내 낸 컴퓨터 프로그램이다. 컴퓨터는 인간의 인지 기능에 어디까지 가까워질 수 있을까. 나아가 뛰어넘을 수 있을까. 상관없어 보이는 컴퓨터 세계와 물리학은 실은 깊은 관계가 있다.

AI의 심장부인 뉴럴 네트워크(Neural Network 신경망)는 인간 뇌 속 뉴런(Neuron 신경세포)의 네트워크를 모방해서 발명된 프로그램이다. 인간의 뇌에는 1천억 개나 되는 뉴런이 있는 것으로 알려져 있다. 그것들이 복잡하게 망을 이루어 기억과 인지를 관장한다. 그 망은 외부 세계에서 들어오는 신호에 의해 자발적으로 형성되기도 한다. 이를 학습이라 부른다. AI의 프로그램에도 뉴런이라 불리는 부분과, 그 뉴런끼리 연결됐다 끊어졌다 하는 기능을 본뜬 부분이 들어 있다. 이 인공 뉴런의 네트워크가 기억과 인지를 구현한다.

한편, 물리학은 현실 세계의 현상을 이해하는 도구로 발전해왔다. 미시적(Micro)으로 보면 물질은 원자들이 배열되어 이뤄진다. 이러한 원자 배열 위를 전자가 돌아다니면 전류가 생긴다. 외부에서 힘을 가한다든지 전기장이나 자기장을 걸면 이러한 원자 배열과 전자 운동의 성질이 변화해 전류가 흐르지 않기도 한다. 이처럼 원자들의 네트워크에 의해 물질은 형성된다.

지금까지의 이야기로, AI의 뉴럴 네트워크와 미시 세계의 원자 네트워크가 닮았다는 사실을 눈치챘을 것이다. 실제로 뉴럴 네트워크의 원시적 모델 중 몇 개는 물리학 모델을 활용해 만들어졌다. 즉 '뇌 속 뉴런이 물질 속 원자처럼 행동한다'는 관점이 이미 반세기 전에 실험되었고, 그것이 AI 연구의 출발점 중 하나가 되었다는 이야기다.

용어 해설

신경망(Neural Network) | 대학교 수준 용어

뇌 속 신경세포(뉴런)가 연결되어 구성된 네트워크. 최근에는 컴퓨터 프로그램으로 기계학습을 할 수 있는 네트워크 구조의 프로그램을 가리키는 말로 쓰입니다. 예전에는 "인공" 신경망이라고 불렀지만, 지금은 인공이라는 말을 굳이 붙이지는 않는답니다. AI의 기능에 따라 실로 다양한 신경망이 개발되고 있습니다. 그 구조는 실제 뇌신경과 비슷하면서도 다른데, 기능만으로 보면 인간의 능력을 훌쩍 뛰어넘는 것도 많습니다.

물론 보통의 물질과 뇌는 전혀 다르다. 예를 들어 원자의 크기는 10의 마이너스 10제곱(10^{-10})미터인데 뉴런은 그 10만 배나 크다. 그러나 원자의 물리학이 탄생한 역사를 떠올려보면, 우리는 눈에 보이지 않는 원자를 가정하고, 그 원자들이 다수 모여 연결되는 방식이 물질의 성질을 결정한다고 설명해왔다. 뇌의 기능을 이해할 때도 마찬가지로 '뇌의 원자'에 해당하는 뉴런의 연결이 핵심이므로 뉴럴 네트워크를 물리학적으로 생각하는 것은 자연스럽다.

'눈에 보이지 않는 것을 눈에 보이도록 밝혀온' 물리학을 뇌에 적용한다— 이 발상이야말로 AI의 시작이었다고 말할 수 있는 것이다.

섞이기 시작한 두 세계

지금의 AI 혁명기를 이끌고 있는 것은 '생성 모형(Generative Model)'이라 불리는 AI다. 학습한 지식을 응용해 세상에 존재하지 않았던 정보를 생성하는 생성 모형 AI는 이미 폭넓게 사용되고 있다. AI가 그림을 그리거나 말할 수 있는 것도 생성 모형을 쓰기 때문이다.

그림을 그리는 AI 내부에는 물리학이 자리 잡고 있다. 바로 '확산 모델(Diffusion Model)'이라 부르는 생성 모형이다.

확산이란, 잉크가 물에 번지듯 고여 있던 것이 서서히 퍼져나가는 과정을 가리키는 물리학 용어다. 먼저 AI는 깨끗한 그림에 무작위하고 불규칙한 점들(이를 '노이즈'라 한다)을 계속 섞어 완전히 흐트러뜨리는 과정을 방정식으로 학습한다. 그리고 실제로 그림을 생성할 때는 이 과정을 반대로 수행한다. 형체를 알아볼 수 없는 노이즈 상태에서부터 점차 깨끗한 그림을 찾아나가는 것이다.

확산 모델을 활용한 AI 그림 생성

다시 말해 노이즈를 다루는 방정식을 익힌 덕분에, AI는 세상에 존재하는 그림 데이터로 학습했는데도 세상에 존재하지 않는 새로운 그림을 그릴 수 있게 됐다.

역사적인 AI 연구의 출발점뿐만 아니라 이처럼 아주 최신의 AI 발전에도 본질적으로 물리학이 쓰이고 있는 것이다. 그렇다면 AI의 발전을 거꾸로 물리학에 적용해 물리학 문제를 풀 수는 없을까? 이 질문이 바로 우리가 시작한 '학습 물리학'에 다름 아니다.

이미 물리학의 어느 분야에선 AI 도입으로 돌파구가 생겼다. 물리학 법칙은 대개 미분방정식으로 적는데, 문제는 이 식들이 대단히 복잡해서 풀기가 어렵다는 것이다. 그런데 AI 신경망은 까다로운 함수라도 학습을 통해 그 가운데 최적의 해법을 골라낼 수 있다. 실제로, 물리학자들이 컴퓨터를 써서 간신히 풀어온 방정식도 AI를 썼더니 훨씬 간단하게 풀렸다는 보고가 잇따르기 시작했다. 바둑 세계 챔피언이 AI에 진 일이 한참 전에 있었듯, 물리학에서도 우리가 갖은 창의력을 동원해 머리를 싸맸던 방정식이 AI를 이용했더니 더 높은 정확도로 해결되기 시작한 것이다.

AI에 일자리를 빼앗길까?

그렇다면 물리학자들은 이제 풀 방정식도 없고 AI 때문에 일자리를 잃게 될까?

답은 'No'다. 물리학자는 오히려 더 창의적인 일을 할 수 있게 된다.

이는 역사를 돌아보면 분명하다. 1980년대에 슈퍼컴퓨터가 만들어졌다. 슈퍼컴퓨터를 연구에 이용하면서 특정 종류의 방정식은 손으로 계산할 필요가 없어졌다. 또 1990년대에 과학자 개개인이 PC를 가지게 된 뒤로는 거의 모든 과학자가 PC에 계산을 맡겼다. 그렇다고 물리학자가 사라졌는가?

오히려 그 뒤에 '계산 물리학'이라는 학문 분야가 새로 생겼다. 기존 물리학에서는 '이론'과 '실험' 두 개 축이 학문과 연구를 지탱했다. 그런데 컴퓨터가 등장해 '계산'이라는 세 번째 축이 탄생한 것이다. 장비를 써서 실험하지 않아도 계산으로 확인할 수 있다. 가상의 상황을 이론적으로 생각할 때도 계산과 대조해볼 수 있다. 실험에 들어가기 전에 계산으로 시뮬레이션도 할 수 있다. 계산은 물리학의 새로운 축이 되었고, 여러 물리학자가 뛰어든 거대 영역이 되었다.

그럼, AI의 경우는 어떨까? 그 답은 아직 아무도 모른다. 그러나 역사를 더듬어봤을 때 짐작이 간다. AI는 물리학의 '네 번째 축', 또는 계산 물리학의 '진화형'으로 볼 수 있다. 내 생각에는 학습 물리학을 포함해 물리학 연구 전체가 AI와 협조해 발전하는 형태로 되어가지 않을까 싶다.

과거에도 여러 차례 이러한 패러다임 변화가 일어났다. 변화는 주로 실험 기술의 혁신이나 컴퓨터 기술의 혁신과 연동되었다. 필자의 전공인 소립자 물리학에서 가장 흥미진진한 사건은 새로운 소립자가 실험 중에 발견되는 일이다. 최근에는 2012년에 힉스 입자가 발견되었다.

학창 시절 교수님들이 "1950~60년대가 대단했다더군"이란 말을 자주 하셨던 기억이 난다. 기술 혁신이 일어나던 시기라 신형 입자가속기◑가 속속 개발됐고, 그로 인해 매주(!) 새로운 입자가 발견되었다고 한다. 그래서 그때를 '소립자 물리학의 황금시대'로 부른다.

황금시대 이후 이론적 발견이 이어지며 여러 입자들을 설명할 수 있게 되었다. 그리고 인류는 소립자 물리학의 기본 설계도와도 같은 '표준모형'에 도달했다.

◑ 전자, 양성자 등 전기를 띤 입자를 강력한 전기장이나 자기장 속에서 엄청난 속도로 가속시키는 장치. 거의 빛의 속도에 가깝게 달리는 상태가 된 입자가 다른 입자나 표적과 충돌하면 눈에 보이지 않던 더 작은 세계의 구조가 드러난다.(이하 편집자 주)

지금이 AI의 황금시대라는 것은 분명하다. 2006년 딥러닝(심층학습)의 성공, 2015년 확산 모델과 2023년 대규모 언어 모델의 등장. 모두 사회 전체에 뚜렷한 영향을 준 혁명이었으며, 혁명기는 여전히 현재진행중이다. 1950년대에 생겨난 AI 연구가 컴퓨터의 기술 혁신을 거쳐 마침내 폭발적인 최대 혁명기를 맞이한 셈이다.

이번 기술 혁신은 컴퓨터와 수학적 원리를 통해 모든 과학 분야와 연결되어 각 분야에서 패러다임 전환을 일으킬 가능성이 높다. 분자생물학의 단백질 구조 해석처럼 이미 패러다임 변화가 일어나버린 분야도 있다.

기술 혁신은 새벽이 밝아올 때가 가장 즐겁다. 세상이 새로운 현상들로 넘쳐나게 되니까. 그것을 이해하기 위해 이론이, 그리고 물리학이 존재한다.

물리학자의 놀라운 일상

오늘도 친구들과 물리 논쟁 중이다. 신난다. 너무도 신난다. 친구들은 대학원생과 공동연구자들, 다시 말해 연구 동지들이다. 대학원생이 갑자기 어떤 아이디어를 내놓는다. 나도 거기에 아이디어를 덧붙인다. 그러면 옆에 있는 학생이 해석을 보탠다. 이렇게 해서 생각지도 못했던 방향으로 연구는 굴러간다.

공동연구자가 아이디어를 적은 계산 노트를 가져와 칠판에 써가며 자세히 설명하기 시작한다. 모르겠는 곳은 수백 번이라도 질문한다. 나도 칠판에 쓴다. 이렇게 해서 아이디어가 수식으로 바뀌고 구체화되어 간다.

몇 개의 아이디어가 태어나고, 사라진다. 끈질기게 살아남는 아이디어도 있다. 수식의 검증을 거치고도 모순 없이 남아 있는 것들이다.

이 개념들은 세심하게 논문 형태로 다듬는다. 표현 하나를 두고도 공동연구자마다 애착이나 생각이 다르기 때문에 조정하는 데 애를 먹는다. 하지만 최종적으로 모두가 납득하는 형태의 문장으로 정돈한다.

완성된 논문은 즉시 세상에 공개되고, 그것을 읽은 전 세계의 얼굴 모르는 연구자들로부터 하나둘씩 연락이 온다. 공동연구자와 상의하며 질문에 일일이 답변한다. 가끔은 새로운 아이디어가 지구 반대편의 연구자에게서 나오기도 한다. 논문을 본 다른 연구자들의 초청으로 발표를 하러 가서 이 연구가 얼마나 즐거운지 뜨거운 어조로 토해낸다. 듣고 있던 연구자들은 핵심을 찌르는 비판을 던지고 미처 생각지 못했던 방향성을 제시한다. 격렬한 토론이 이어지고 또다시 새로

운 연구의 싹이 돋아난다.

세상에서, 인류 중에서, 오직 우리만이 이 발견을 알고 있다. 그리고 이 결과를 만들어낸 것도 바로 우리다. 그 짜릿함을 말로 다 할 수 없다.

새로운 아이디어가 태어나 실제가 되어간다. 나도 함께 가능성을 키우고 밀어올린다.

이것이, 물리학이다.

(2024년 3월)

학습 물리학 국제회의에서 찍은 한 장. 2023년 11월 교토대학에서. 왼쪽 끝이 필자.

날씨 공략하기

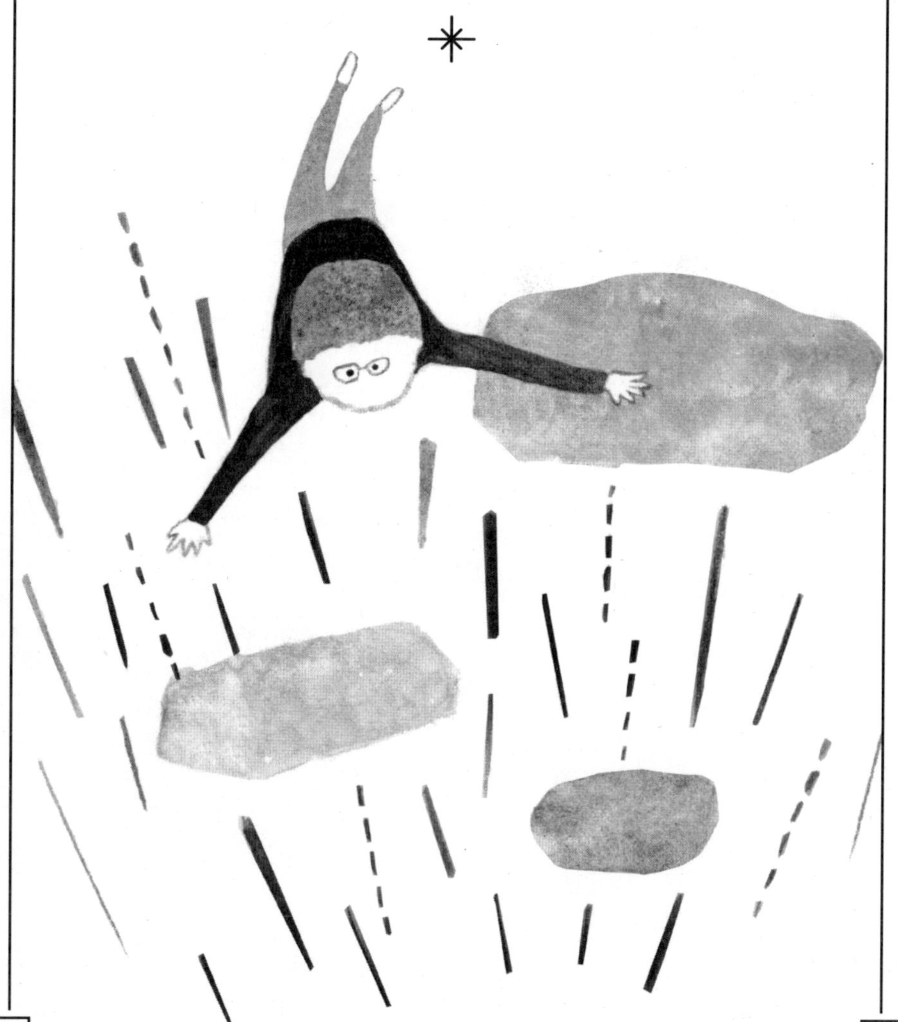

•

일본어에는 '날씨'와 '사람'을 조합한 '오텐키야(お天気屋)'라는 말이 있다. 기분이 이랬다저랬다 쉽게 변하는 변덕쟁이를 가리키는데, 그만큼 날씨란 예상하기 어려운 것이다.

날씨는 기상 상태다. 맑은 건 태양 때문이고 비가 내리는 건 중력 때문이다. 따라서 날씨는 과학이고, 그중 물리학의 요소도 많다. 게다가 일기예보는 사람들의 생활에 관련된 중요한 과학이기 때문에 한 물리학자가 날씨에 어떻게 도전하고 있는지를 적어두는 일도 전혀 무가치하진 않을 것이다. 그러니 창피함은 접어두고, 날씨를 이겨보려다 번번이 실패한 나의 시행착오담을 털어놓으려 한다.

교토의 여름이 숨 막히는 이유

여름철 교토에는 아침저녁으로 절대 외출을 피해야 하는 시간대가 있다.

- 7월 초: 오전 8시 15분~8시 45분, 오후 3시 15분~3시 45분
- 9월 초: 오후 5시~5시 30분

일명 '지옥의 30분'. 왜 하필 '지옥'일까? 그야, 그늘이 없어서다.

여름철 교토에 와보면 금세 깨닫게 된다. 그늘이 아예 없다는 걸. 내리쬐는 햇빛이 서서히 사람을 괴롭히는데 숨을 곳이 없다. 한 걸음 한 걸음이 점점 힘겨워진다.

물론 한낮에 그늘이 없기는 서일본◑ 어디나 마찬가지다. 서일본에

서는 태양의 남중고도(南中高度) 즉 태양이 정남쪽에 왔을 때 지평선으로부터의 각도가 약 80도에 달한다. 그래서 태양이 거의 머리 꼭대기에 떠 있고 주택이나 건물 그림자가 지지 않는다. 하지만 태양이 비교적 낮게 뜬 아침저녁에는 그림자가 길게 지니 그 안에만 들어가면 그리 덥지 않다. 그늘이 많은 쪽만 골라 걸으면 더더욱 쾌적하고 말이다.

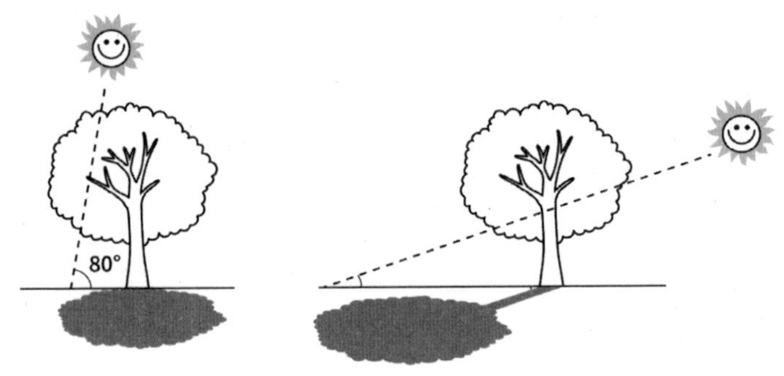

태양의 고도가 높을 때(짧은 그림자)와 낮을 때(긴 그림자)

그런데 교토만큼은 사정이 다르다. 아침저녁도 위험하다. 이는 교토의 거리가 모눈종이처럼 동서남북으로 반듯하게 그어져 있기 때문이다. 앞서 말한 '지옥'의 시간대가 되면, 교토는 동서 방향의 모든 도로에서 그늘이 사라진다. 태양이 정확히 동쪽 또는 서쪽에 위치하게 되는 탓이다. 햇볕이 도로 방향과 평행하니 건물 그림자가 길 위로 드리우지 않는다.

교토는 거리가 바둑판 눈금처럼 생겨 근무지, 슈퍼마켓 등 목적지까지 걸어갈 때 모눈종이의 선대로 따라갈 수밖에 없다. 그래서 가장

◑ 오사카, 교토, 후쿠오카 등을 포함한 일본 서쪽 지역을 가리킨다. '동일본'은 도쿄, 나고야, 삿포로 등을 포함한 동쪽 지역.

빠른 길이 하나가 아니다.

예를 들면, 교토의 동서를 x축, 남북을 y축으로 잡고 좌표계를 그려 보자. 집의 좌표를 원점, 근무지 좌표를 (5, 4)라고 하자. 근무지가 집에서 볼 때 동쪽으로 다섯 블록, 북쪽으로 네 블록 간 곳에 있다는 뜻이다.

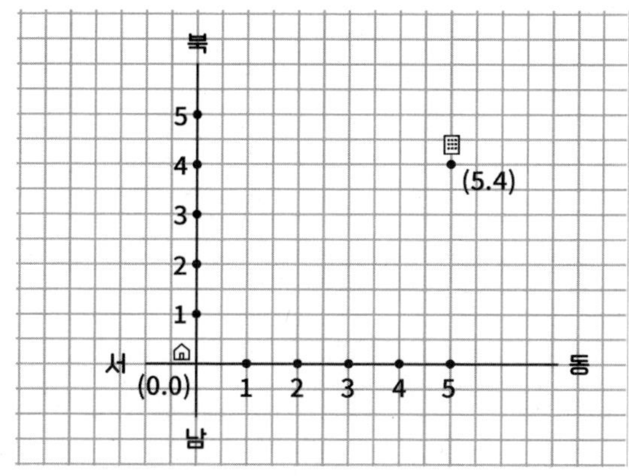

바둑판처럼 생긴 교토 거리

'집에서 회사까지 가는 최단 경로는 몇 개일까?'라는 문제는 중학교 시험이나 고등학교 입시 수학에도 자주 출제된다. 답은 126가지인데, 그 계산은 여러분에게 맡긴다. 문제는 그게 아니다. 126가지 방법이 있는데, 어느 경우에도 동쪽으로 향하는 길을 결국 다섯 블록 정도는 걸어야 한다는 점이다. 그 안에는 그늘이 없다.

거리가 바둑판처럼 생기지 않은 다른 도시에선 예컨대 북동쪽, 대각선 방향으로 가는 방법도 있을 수 있다. 그럼 자기 출퇴근 시간대에 그늘이 난 길을 택하면 된다. 하지만 교토에서는 126가지 방법이 모두 최단 경로이며, 어느 길을 택하든 그늘 없는 구간의 총량은 똑같다.

나는 학부, 대학원, 박사 후 연구원 시절까지 9년 반을 교토에서 살았다. 여름에는 더위에 녹아내린 기억밖에 없다. 특히 먼 데서 통학했던 학부 시절은 험난했다. 1교시 강의에 늦지 않으려면 데마치야나기역에서 교토대학 북문으로 향하는 동편 길을 오전 9시 조금 전에 걸어야 했다. 마침 지옥의 시간대인 것이다.

용어 해설

태양의 방위 | **초등학교 산수 수준 용어**

태양은 동쪽에서 떠서 서쪽으로 진다고 배우지만, 실제로 정동쪽에서 올라와 정서쪽으로 지는 날은 춘분과 추분(태양의 위치가 지구의 적도 위에 정확히 놓이는, 낮과 밤의 길이가 거의 같아지는 시점)뿐이며, 그 외의 날에는 조금 어긋나 있습니다. 예를 들어, 여름에는 동서 방향보다 조금 북쪽으로 틀어진 방향에서 해가 뜨고 집니다. 따라서 태양이 정확히 동쪽에 위치하는 시각은 일반적으로 일출 시각이 아닙니다. 겨울에는 정동쪽에 오는 일이 아예 없습니다.

+ 더 알고 싶은 분에게

관련 서적(데이터를 좋아하는 사람용) : 《理科年表(이과연표)》 国立天文台(일본국립천문대) 저, 丸善出版

그늘이라고는 전봇대 그림자밖에 없다. 전봇대 그림자를 따라 걷다가 전선 그림자까지도 의지했다. 폭이 3센티쯤 되는 얇은 그림자였는데, 그 위를 밟고 걸으면 왠지 폭염의 맹공으로부터 숨는 기분이 들었다. 실제로는 숨겨질 리 없었다. 구불구불한 전선 그림자를 따라 왔다 갔다 하다 보면 작열하는 도로를 걷는 합계 시간은 늘어나기 때문이다. 그러나 인간은 기분의 생물이다. 내리쬐는 태양을 견디는 고행의 지경에 놓인 나는 조금이라도 정신세계가 안심되는 듯한 기분으로 굳이 전선의 얄따란 그림자를 밟았다.

그런 학창 시절이 끝난 지 얼마 지나지 않아 나는 교토대학에 교원으로 부임했다. 그리고 지금, 지옥을 다시 맛보고 있다.

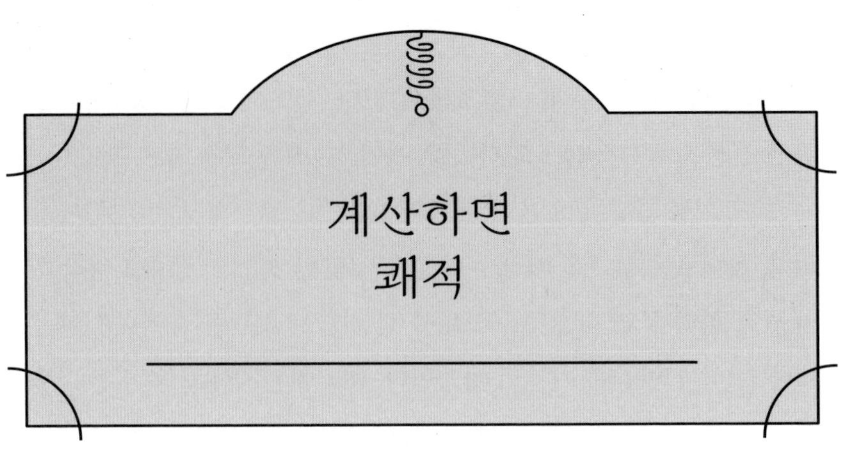

계산하면 쾌적

물론 나는 물리학자니까 태양의 움직임을 속속들이 안다. 그래서 "여름철 교토에서 언제 절대 외출하지 않는 게 좋은가?"를 계산해보기로 했다. 그 결과가 첫머리에 소개한 지옥 시간대다.

계산법은 의외로 단순하다. 해가 정동쪽, 정서쪽에 위치한 시간대를 추출하기만 하면 된다. 태양이 정동, 정서에서 2도 이내로 위치한 시간대라면 햇살이 도로와 거의 평행하게 쏟아지고 있으므로 그늘이 생기지 않는다. 이때가 '도로 위에 그늘 한 점 없는 시간', 즉 외출하기 가장 힘든 때다.

2도라는 숫자는 그때가 어느 계절인지, 도로가 큰길인지 아닌지에도 영향받는다. 건물 그늘의 폭은 사람이 평균적으로 들어갈 수 있는 70센티미터로 상정해 산출했다.

교토에서는 대로변에만 건물 높이 규제가 완화되기에 큰길을 따라 고층 건물이 늘어서 있다. 건물이 높으면 그늘이 길어지기 쉽다. 즉 태양의 각도가 조금만 바뀌어도 금세 시원해진다. 그래서 정동, 정서의 범위를 '2도' 내로 좁게 잡는다. 반면, 골목길의 건물들은 기껏해야 이층집 정도의 높이라서 그늘이 길게 형성되지 않는다. 이런 경우엔 해의 각도를 5도 정도로 더 넓게 잡아야 실제 체감에 맞는다. 첫머리에 소개한 시간대는 큰길을 상정한 것이다.

요컨대 해가 정동·정서 근처에 있을 땐 그늘이 사라지고 도로는 한증막이 된다. 그 시간을 피하면 여름의 교토도 조금은 걷기 좋은 도시가 된다.

물리학을 이용해서 쾌적하게 산다. 얼마나 근사한가! 심지어 이런 이야기를 들려주면 다들 좋아한다. 교토시가 '지옥 시간대'를 홈페이지에 공지하고 불볕 더위 속 출퇴근을 피할 수 있도록 기업에 근무 시간대를 권고했으면 한다.

삿포로와 나라에도 교토처럼 바둑판 모양의 반듯한 거리가 있다. 물론 삿포로는 여름에도 덥지 않은 곳이니 논외로 한다. 나라는 '나라마치'라는 마을이 바둑판 모양인데 교토보다는 규모가 작은 데다 아케이드도 있다. 그런 의미에서 역시 교토는 특수하다.

해외 대도시 중에서는 뉴욕이 좋은 예다. 맨해튼의 초고층 건물은 그늘이 온갖 방향으로 뻗는데, 재미있게도 1년 중 딱 이틀, 태양이 동서로 뻗은 길과 정확히 일직선을 이루며 지는 모습을 볼 수 있다. 사람들은 그날을 '맨해튼헨지(Manhattanhenge)'라고 부른다. 뉴욕 거리의 바둑판 모양은 동서남북과 어긋나 있어서 그날이 정확히 춘분·추분과 겹치지는 않는다. 그러니 뉴욕 여행을 갈 때 맨해튼헨지를 보고 싶다면 미리 날짜를 알아보는 것이 좋다. 반면, 교토의 지옥 시간대는 특수한 날에만 나타나는 이벤트가 아니다. 여름이면 늘 있는 일상이다.

말해두지만 나는 교토의 거리를 좋아한다. 목적지까지 가는 데 126가지나 '최단 경로'가 있다는 점이 멋지다. 하루에 하나씩 매일 다른 길을 반년은 즐길 수 있다. 우리 집에서 학교까지 예쁘게 정돈된 길만 따져도 경우의 수가 2002가지나 되기 때문에 족히 8년은 날마다 새로운 골목을 걸을 수 있다.

게다가 교토의 거리는 시시각각 표정을 바꾼다. 그늘이 사라지기 전에 바닥에 찬물을 끼얹는 동네 아저씨, 석양이 들지 않도록 발을 쳐 놓은 할머니, 작열 지옥을 피해 찻집에서 땀을 식히는 양복 차림의 남성들, 더워 보이는 법의를 입고 수행하듯 잰걸음으로 걸어가는 스님.

그늘을 걷는 나에게는 그런 풍경들을 바라보며 빙긋 미소 지을 여유가 있다.

지옥 시간대에 교토의 남북 거리를 동서 거리와의 교차점에서 바라본 장면.
동서는 지옥인데, 남북은 천국임을 알 수 있다(저자 촬영).

용어 해설

경우의 수(Number of Cases) | 초등학교 산수 수준 용어

주어진 상황에서 몇 가지 조합 방법이 있는지, 그 개수를 '경우의 수'라고 부릅니다. "경우의 수 따위 실생활에서 거의 쓸 일 없잖아"라고 생각할지 모르지만, 실은 중요합니다. 냉장고 안의 음식 재료 조합이 몇 가지나 될지 따져보면 다음에 살 재료를 떠올릴 수도 있습니다. 장사할 때도 아이템을 조합해서 판매하려면 경우의 수가 필요합니다. 또 전체 경우의 수를 알면 지금 자기 상황이 확률적으로 흔한지, 드문지를 알 수 있습니다. 이처럼 경우의 수는 일상에 넘쳐나고 있습니다.

+ 더 알고 싶은 분에게

관련 서적(고등학생 이상용) : 《Book of Curious and Interesting Puzzles(웰스 수리 퍼즐)》 David Wells(데이비드 웰스) 저, Dover Publications, 2006

비에 젖지 않는 법

작열하는 햇빛도 싫지만, 비가 주룩주룩 내리는 날도 싫다. 책을 들고 밖에 돌아다닐 수가 없지 않은가?

대학생 때는 오사카에서 교토까지 통학했다. 집에서 나올 때만 해도 맑더니 교토 데마치야나기역에 도착하면 빗방울이 떨어지는 일이 왕왕 있었다. 가방엔 우산이 없다. 전철역 출구에 하염없이 서 있다. 다른 사람들은 모두 우산을 펼쳐 들고 역을 나선다.

물론 일기예보를 보지 않고 집을 나선 내 잘못이다. 중학교 때 기상부 부원이었다는 자존심이 있어서 하늘만 봐도 그날 비가 올지 말지 안다고 생각했던 게 원망스러운 결과로 이어진 거다. 기상부 활동 끝에 머리에 남은 건 "양떼구름 끝에는 비가 내린다"라는 짧은 격언뿐. 체계적인 지식이 없었다.

데마치야나기역 3번 출구에서 땅을 적시는 비를 하염없이 바라보다 이런 생각이 들었다. 학교까지는 어쨌든 가야 하잖아. 버스비는 없고. 그러면 우산을 안 쓰고 걸어서 간다고 할 때, 가장 젖지 않는 방법은 무엇일까?

그러고 보니 '종단 속도'라는 개념을 배웠지 않은가? 중력 속에서 낙하하는 물체는 최종적으로 종단 속도라는 일정한 속도에 도달한다! 그 말인즉슨 빗방울도 일정한 속도로 낙하하고 있다는 뜻. 그 종

용어 해설

종단 속도(Terminal Velocity) | 고등학교 물리 기초 수준 용어

물체가 낙하할 때 저항을 받으면 최종적으로 어떤 일정한 속도로 낙하하는 상황에 이릅니다. 이 속도를 '종단 속도'라고 부릅니다. 저항은 그 속도와 단면적에 따라서도, 공기 속인지 물 속인지에 따라서도 완전히 다릅니다. 비라고 해서 다 같은 비가 아니므로 여러 종단 속도를 지니고 있겠지요. 비가 아니라 안개나 눈이라면 더 복잡한 계산을 통해 종단 속도를 구해야 합니다.

날씨는 생각보다 복잡한 것 같습니다. 눈 연구에 오랜 시간을 쏟아부은 나카야 우키치로 같은 물리학자가 있는 것도 그래서겠지요.

+ 더 알고 싶은 분에게

관련 서적(일반용): 《中谷宇吉郎随筆集(나카야 우키치로 수필집)》 中谷宇吉郎(나카야 우키치로) 저, 岩波文庫, 1988

단 속도와 같은 속도로 걸으며 비 오는 방향으로 몸을 기울이기만 한다면 비를 한 방울도 맞지 않을 것이다!

나는 천재적인 발상에 스스로 감탄했다. 아하하하! 물리학은 천하무적이다!

그러나 곧 정신을 차렸다. 정작 빗방울의 종단 속도를 모르면 어쩔 수 없잖아? 종단 속도를 계산하려면 빗방울이 받는 공기저항을 알아야 하고, 거기에는 공기라는 기체의 점성이 문제가 되기 때문에 공기의 점성계수를 알아야 한다. 그 값은 전혀 기억에 없다…….

하지만 이런 장애물 따위에 물리학도의 체면이 구겨질쏘냐. 때마침 2센티미터 크기의 우박에 두들겨 맞아 자동차가 곰보가 되었다는 뉴스가 떠올랐다. 사람이 맞으면 부상이 속출할 수준이다. 아마 시속 30킬로미터는 족히 될 거야. 그럼 이 빗방울은 어느 정도 크기인가. 손을 뻗어 보니 반경(반지름 r)이 1밀리미터 정도로 보인다. 우박의 10분의 1이다. 그런데 중력은 반경의 세제곱에 비례하고(중력 $\propto r^3$), 공기저항은 반경의 제곱과 빗방울 속도의 제곱에 비례한다(공기저항 $\propto r^2v^2$). 종단 속도(v_t)에서는 두 힘이 같아진다($r^3 \propto r^2{v_t}^2$). 정리하면, 결국 종단 속도는 반경의 제곱근에 비례함을 알 수 있다($v_t \propto \sqrt{r}$).

위 계산에 따르면, 우박보다 반지름이 10분의 1 작은 빗방울은 속도 역시 3분의 1 정도로 줄어든다. 즉 시속 10킬로미터 정도라고 추측할 수 있다.

그렇다면, 처음에 떠올린 것처럼 시속 10킬로미터로 몸을 앞으로 기울이며 이동하면 몸이 전혀 젖지 않는다는 계산이 나온다.

하아, 마음이 놓였다. 그 정도면 인간이 도달할 수 있는 속도다. 역사상 가장 빠른 인간은 시속 40킬로 정도로 움직였다. 나도 열심히만 하면 시속 10킬로미터로 이동할 수 있을 것이다.

그렇지만 시속 10킬로미터라……. 학교까지 이 정도 속도로 쉼없이 달리려면 엄청 힘들겠지. 게다가 아까 우박의 종단 속도를 두 배 틀리게 계산했다면, 그게 시속 60킬로미터였다면, 그땐 속수무책이다.

역시 안 되려나…….

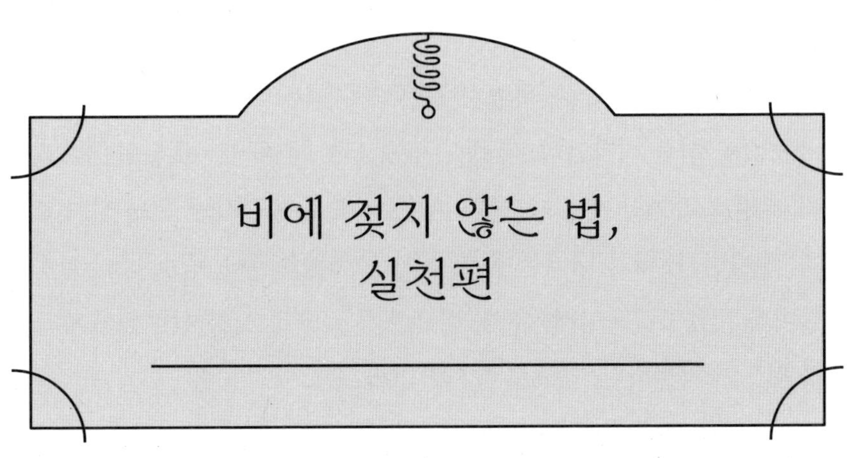

비에 젖지 않는 법, 실천편

그때 머릿속에 또 하나의 번뜩임이 일었다. 비가 떨어지는 종단 속도를 v, 내가 나아가는 속도를 w라 하자. 빗줄기는 내 눈에 대각선으로 다가오며, 그 기울기 각도는 수직 속도와 수평 속도의 비, 즉 w/v(탄젠트)로 계산된다. 내 몸을 그 각도만큼 기울이는 순간, 빗줄기와 몸이 평행해져 비는 내 몸을 두들기지 않는다.

이 말은 실제 빗방울의 종단 속도 계산에 약간 오류가 있을지라도 달리면서 스스로의 각도를 미세하게 조정하면 비에 닿지 않게 할 수 있다는 뜻이다.

준비는 다 됐다. 안 젖을 수 있다. 살아오면서 어떻게 이날 이때껏 간단한 사실을 깨닫지 못했을까? 나 자신이 부끄러웠고 동시에 물리학의 위대함에 가슴이 뭉클했다.

계산을 곱씹어보았다. 특별히 틀린 데는 없는 것 같다. 검산을 하면서 중요한 점을 깨달았다. 내 속도가 평소 걸어 다니는 보통의 속도라 해도, 앞으로 기울이는 각도를 앞선 공식으로 계산하면 전혀 젖지 않을 것 아닌가. 비가 내리는 속도가 시속 10킬로미터, 평소 나의 걸음걸이가 시속 4킬로미터이니까 탄젠트가 4/10에 일치하는 몸의 각도로 걸으면 적절하다. 각도로 따지면 20도 정도다.

개봉박두. 심호흡을 하고 몸을 20도 숙이며 역을 빠져나왔다.

약 20분 뒤 강의실에 도착했을 무렵, 나는 머리부터 발끝까지 흠뻑 젖어 있었다. 친구들이 말했다. "왜 뛰어서 안 오고?"

이론을 다시 정밀하게 돌이켜보았다. 그래! 내 몸이 하나의 판처럼 무한히 얇은 평면이라고 가정했구나. 실제 우리 몸은 두께를 지닌 입체다. 방향이 다르거나 돌출된 모든 부위가 동시에 빗줄기와 평행해질 수는 없다. 머리나 어깨 같은 윗부분도 그렇다. 몸 어딘가에 비를 맞는 양은 이동에 들이는 시간이 길수록 많아진다. 즉, 이동 시간을 최소화하는 것이 가장 젖지 않고 이동하는 방법이었던 것이다.

비웃는 친구들을 보면서도 스스로를 자랑스럽게 느꼈다. 그래, 상식을 의심하고 가설을 세우고 검증해야지. 학교에서 강의 듣는 것보다 더 중요한 경험을 했다고 생각했다.

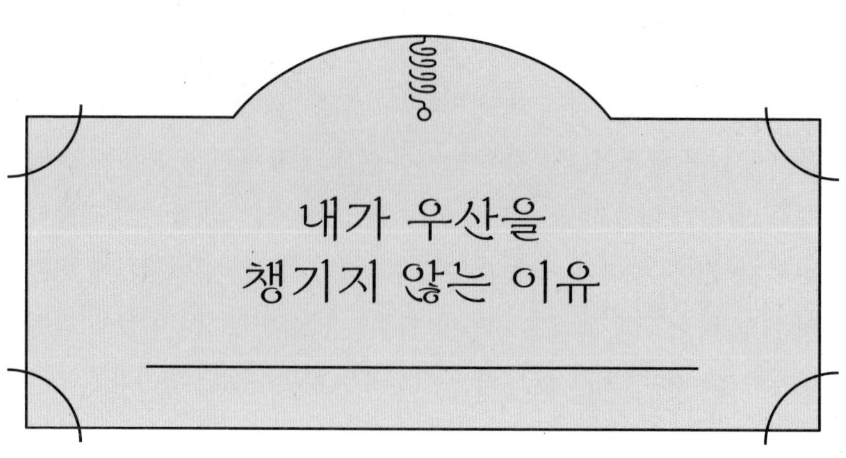

내가 우산을 챙기지 않는 이유

학창 시절에 그 경험을 하고부터 나는 '젖지 않고 어디까지 갈 수 있을까?'라는 질문에 집착하게 되었다. 요즘은 스마트폰으로 간단하게 비구름의 분포나 이동 예상, 일기도까지 실시간으로 얻을 수 있는 세상이다. 나는 그 정보를 꼼꼼히 확인한 뒤 가급적 우산 없이 이동할 수 있는 시간대에 맞춰 행동을 조정한다. 예상대로 맑은 날씨를 누비고 다닐 때의 상쾌함은 이루 말할 수 없을 정도다.

어느 날은 교토에서 도쿄로 출장을 가야 했는데, 역까지 가는 200미터만 어떻게든 하면 목적지에 우산 없이도 도달할 수 있다는 사실을 깨달았다. 그러니까 200미터 왕복 구간을 이동할 때만 비가 안 내려주면 우산을 챙기지 않아도 되는 것이다. 솔직히 많이 망설였다. 200미터면, 뛰어가면 1분 정도. 가랑비가 내린다 해도 어떻게든 되지 않을까? 결국 우산 없이 출발했고, 갈 때는 괜찮았지만 돌아오는 길은 억수같이 퍼붓는 비에 영락없는 생쥐 꼴이 되었다.

같은 생각을 해외 출장에도 적용할 수 있음을 깨달았다. 출장지가 캘리포니아라고 하자. 거의 사막 같은 기후인 곳이라 거기서는 우산이 아예 필요 없다. 그러니 우산이 필요한 구간이라고 해 봐야 기껏 집에서 역까지 가는 도보 왕복 구간뿐이다! 거참, 지붕 아래 실내들만 통과해 지구 반대편에 도착할 수 있다니, 새삼 편리한 세상이다.

MIT(매사추세츠공과대학교)를 방문한 기억도 떠오른다. 나 같은 이과 인간들이 모인 대학이라 그런지, 캠퍼스 안을 빗물 한 방울 맞지 않고 오갈 방법이 확립돼 있어 감동했다. 캠퍼스의 주요 건물들이 거의 다 지하도로 연결된 것이다. 그러나 정비된 모양새는 아니어서 길을 잃기 십상이다. 군데군데 안내판 같은 화살표가 붙어 있다. 마치 지하 소굴 같다.

MIT가 있는 미국 보스턴 거리는 겨울 추위가 매우 혹독하다. 캠퍼스 옆을 흐르는 찰스강이 꽁꽁 얼 정도다. 그런 매서운 추위 속에서도 학생들이 캠퍼스 안을 자유롭게 다닐 수 있도록 지하도가 하나둘씩 생긴 것 같다. 어떻게든 젖지 않고 이동할 방법을 궁리하는 마음가짐에 매우 공감한다.

안타깝게도 지하철역 출구에서 MIT 캠퍼스까지는 야외를 수십 미터 걸어야 한다. 그러니 교토 우리 집에서 보스턴 MIT 연구소까지 비에 젖지 않고 가려면 수십 미터만큼의 리스크는 따른다.

뭐, MIT니까 지하철역과 캠퍼스도 언젠가 이어버리겠지. 그날을 기다린다.

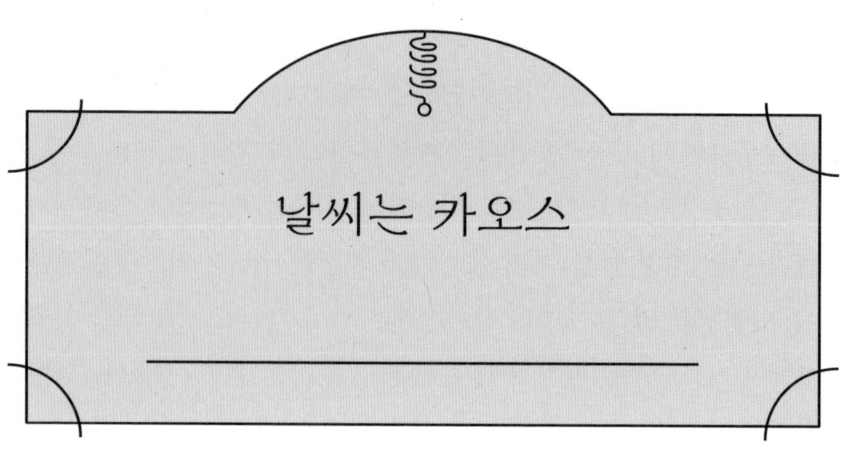

날씨는 카오스

인간이 지붕을 만든 이유는 날씨를 예상할 수 없고, 통제할 수 없기 때문일 것이다. 만약 인류가 날씨를 통제할 수 있다면 지붕은 필요 없을지 모른다. 통제는 어렵더라도 날씨를 간단히 예상할 수 있다면 지붕 아래로 다급히 피신하지 않아도 될 것이다. 하지만 아쉽게도, 날씨란 예상하기 어렵다는 사실을 과학은 이미 증명하고 있다.

고전 물리학에는 자연현상의 법칙을 설명하는 방정식이 있는데, 한 시점의 상태를 나타내는 수치를 그 방정식에 대입하면 그다음 시점, 즉 미래 상태를 나타내는 수치가 계산된다. 이런 방정식을 '결정론적 방정식'이라고 부른다.

날씨 변화를 나타내는 방정식은 기본적으로 유체(流體)의 방정식이다. 대기의 움직임이 날씨를 결정하기 때문이다. 지구상의 모든 장소와 고도에서 한 시점의 대기 상태(기온, 바람의 세기와 방향, 기압, 습도 등)를 알 수 있다면 그 값을 방정식에 대입해 미래의 대기 상태를 예측할 수 있다. 컴퓨터를 이용한 계산과학이 이토록 발달한 오늘날에는 "그럼 미래의 날씨도 얼마든지 정확하게 계산할 수 있지 않을까?"라는 생각이 자연스레 들지도 모른다.

그러나 과학은 뜻밖의 지점으로 나아갔다. 아무리 결정론적이라도 미래를 정확하게 예상할 수 없는 종류의 방정식이 있다는 것이다. 이를 '카오스 이론'이라고 한다. 이런 방정식은 초기 조건을 아무리 정밀하게 정해도 예측 오차가 시간이 지남에 따라 기하급수적으로 커져 간다. 즉, 예측이 극도로 어려운 방정식이라는 말이다.

MIT의 기상학자였던 에드워드 로렌츠(Edward Lorenz, 1917~2008)는 1960년대에 날씨 변화를 지배하는 방정식이 카오스임을 알아냈고 "브라질에서 나비 한 마리가 날개를 퍼덕인 영향으로 미국 텍사스에서 토네이도가 일어난다"고 비유했다. 이것이 바로 널리 알려진 '나비 효과(Butterfly Effect)'다.

즉, 날씨를 예측한다는 과학적 과제는 카오스 이론에 의해 대단히 어려운 문제임이 이미 판명되었다. 예상이 복잡하다는 사실마저 이론적으로 해명해버린 인류의 과학능력에는 무서움마저 느낀다.

카오스에도 불구하고, 기상청의 일기예보 적중률은 꾸준히 향상되어 왔다. 반세기 전에는 약 70퍼센트 수준이었지만 현재는 약 80퍼센트에 이르렀다고 한다.

그러나 안타깝게도, 그 정확도가 100퍼센트에 도달하는 날은 영원히 오지 않을 것이다.

용어 해설

카오스 이론(Chaos Theory) | 대학교 물리 기초 수준 용어

결정론적 역학 시스템에서 초기 값이 약간만 차이 나도 그 후의 운동이 극도로 민감하게 달라지는 시스템을 '카오스계(Chaotic System)'라고 부릅니다.

예를 들어, 공을 위에서 떨어뜨릴 때의 방정식은 카오스가 아닙니다. 하지만 종이 한 장을 팔랑팔랑 떨어뜨릴 때의 방정식은 카오스적입니다. 미래의 움직임을 예측하기가 매우 어려운 경우입니다. 사실 거의 모든 물리 세계는 카오스입니다. 20세기 초 프랑스의 물리학자 앙리 푸앵카레(Henri Poincaré, 1854~1912)는 세 개의 천체 사이 중력이 작용하는 간단한 시스템조차 예측이 어렵다는 사실을 이미 지적했습니다.

그래서 이런 생각도 듭니다. 인간이 어떤 현상을 "이해한다"는 건, 어쩌면 그 현상 속에서 카오스가 아닌 부분을 찾아냈다는 뜻이 아닐까? 하고요.

+ 더 알고 싶은 분에게

관련 서적(일반용): 《カオスの紡ぐ夢の中で(카오스가 엮는 꿈 속에서)》 金子邦彦(가네코 구니히코) 저, 早川書房, 2010

날씨를 들여다보는 즐거움

일단 카오스 이론을 배우고 나면 날씨 공략은 거의 불가능하단 걸 느끼게 된다. 좌절스러울 정도로 흥미로운 멋진 이론이다. 그렇다면 물리학자는 카오스 이론을 배운 데 만족하며 난데없는 비에 흠뻑 젖으며 살아가야 하는 걸까?

영국 에든버러에 갔을 때의 일이다. 거리를 걷고 있는데 날씨가 끄물끄물해지기 시작했다. 우산을 챙겨서 다행이다 생각하며 주위를 둘러보니 아무도 우산을 들고 있지 않았다. 어? 곧 쏟아질 것 같은데? 싶어 의아한 순간, 아니나 다를까 빗방울이 후두둑 떨어지기 시작했다. 주변 사람들은 근처 처마 밑이나 가게로 들어가 비를 피했다.

나는 득의양양하게 우산을 쓰고 걸으며 비를 피하는 사람들을 바라보았다. 모두가 나를 부러워할 거라고 상상하면서.

그러나 왠지 그렇지가 않았다. 비를 피하는 사람들은 많았지만 누구 하나 딱히 곤란해 보이지 않았다는 말이다.

곧 비가 그쳤다. 비를 피하던 사람들이 일제히 쏟아져 나와 다시 이동하기 시작했다. 이해가 되지 않았다. 조금 지켜보고 있자니 또다시 비가 내렸다. 사람들은 비를 피했고, 비가 그쳤고, 사람들이 길 위로 쏟아져 나왔다. 그런 상황은 몇 번이고 반복됐다.

아하! 여기 사람들은 비가 곧 그친다는 걸 알고 있는 건가?

돌아오는 비행기에서 에든버러 상공을 바라보니 이내 이유를 알 수 있었다. 줄무늬 모양의 비구름이 아름답게 펼쳐져 있었다. 구름 낀 부분과 맑은 부분이 교대로 나타나 줄무늬를 이룬 것이다. 이런 구름이 머리 위에 걸려 있으니 지상에서는 비가 내렸다 멎었다를 반복할 수밖에 없다.

너무나도 아름다운 구름을 바라보며 생각했다.

'우산을 안 드는 게 지혜였구나.'

그 고장의 기후를 잘 이해하고 있다면 비 같은 변덕쯤은 쉽게 극복할 수 있다. 이윽고 내 머릿속 사고는 왜 줄무늬 모양 구름이 형성되는가 하는 물리학적 이유를 찾아 아득한 상공으로 날아올랐다.

(2022년 9월)

하늘에 걸린 '줄무늬 구름'. 이것으로 비가 오락가락하는 이유를 알 수 있었다.
(Jiaqian AirplaneFan/Wikimedia)

아버지가 돌아가셨다

•

아버지가 돌아가셨다. 어머니 생신날이었다. 지금으로부터 꼭 일주일 전이다.

아버지는 내가 쓴 책 《세상에서 가장 재미있는 물리 이야기》를 매우 좋아하셨다. 자식이 일상생활에서 느낀 점이 꼼꼼히 적혀 있었기 때문일 것이다. 코로나 감염이 확산되기 전에는 강연도 자주 들으러 와주셨지만, 그런 강연회에서 하는 설명보다 내 물리학자의 일상을 엿볼 수 있는 글을 아버지는 즐기셨다. 장례식이 끝난 뒤, 아버지 책상 앞을 지나다가 보았다. 깔끔하게 오려낸 《세상에서 가장 재미있는 물리 이야기》 신문 광고가 놓여 있었다. 아버지 글씨로 신문의 날짜도 적혀 있었다.

일주일이 지났지만 여전히 눈물이 뺨을 타고 흐른다. 이런 상황에서 글을 쓰는 건 경솔한 짓일지도 모른다. 하지만 아버지가 내 에세이를 좋아하셨으니, 아버지의 죽음을 물리학자로서 어떻게 느꼈는지를 여기 에세이로 적어 그분 앞에 이별 선물로 바치고 싶다.

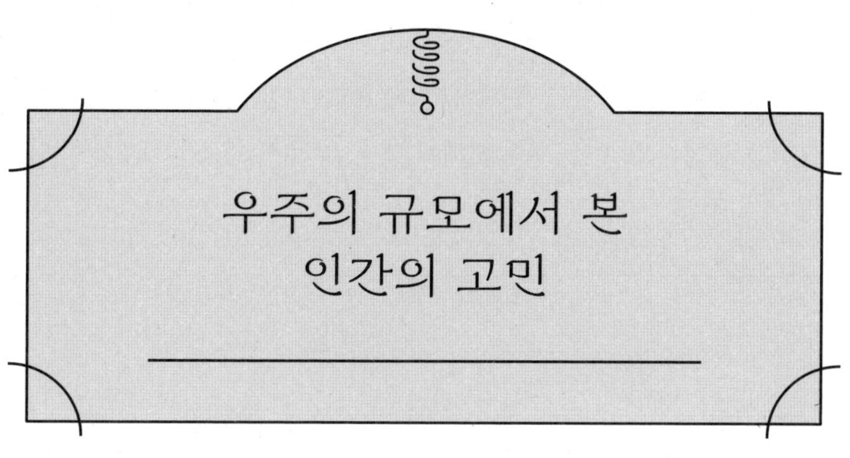

우주의 규모에서 본 인간의 고민

흔히, 피붙이가 갑자기 세상을 떠났을 때의 고통은 경험한 자밖에 모른다고 한다. 나도 아버지가 부재한 지금의 슬픔을 어떻게 처리해야 좋을지 모르겠다.

그러나 이 같은 인간관계의 소멸이라는 어려움, 나아가 인간이 살면서 마주치는 '고뇌'의 대처법에 대해 나는 평소 강연회에서 이렇게 말한다.

"인간의 고뇌란 우주의 크기에 비하면 먼지와 같습니다."

인생에서 이 사고방식에 많은 도움을 받아온 것이 사실이다. 그래서 그런 말을 할 수 있다. 우주 전체에는 소립자가 가득 차 있고, 그 일부로 내 인체라는 물질이 있다. 물질인 내가 생각하고 고뇌하는 활동은 이 우주 전체의 소립자 활동에 비해 얼마나 작을까.

우주 전체의 소립자 수를 헤아리기는 어렵지만, 원자핵을 구성하는 양성자·중성자의 수는 우주 전체에 대략 10의 80제곱(10^{80})개가 있다고 여겨진다.

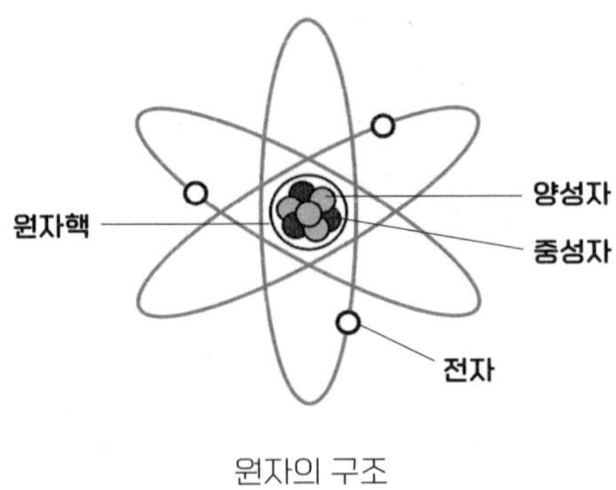

원자의 구조

용어 해설

몰(mol) | 중고등학교 이과 수준 용어

몰이란, 개수 단위로서 $6.02214076 \times 10^{23}$개를 말합니다. 대단히 큰 숫자입니다. 예를 들어 물 분자가 1몰 모이면 대략 18그램의 물이 됩니다. 즉 원자나 분자 같은 미시세계와, 1그램 같은 인간의 일상세계 사이를 연결하는 곱셈이 몰이라는 개수 단위인 것입니다.

+ 더 알고 싶은 분에게

관련 서적(중고등학생 이상): 《新しい1キログラムの測り方(새로운 1킬로그램의 측정 방법)》 臼田 孝(우스다 다카시) 저, 講談社, 2018

한편 인체(체중이 70킬로그램일 때)를 구성하는 양성자·중성자의 수는 수소로 말하면 10의 5제곱(10^5)몰, 수소 원자핵의 양성자 수로 말하면 10의 28제곱(10^{28})개 정도다. 매우 큰 수로 보이지만, 우주 전체의 양성자·중성자 수에 비하면 50자리 이상이나 작은 숫자다.

즉, 우주 전체의 활동에 비하면 한 인간의 활동은 10의 50제곱(10^{50})분의 1보다 작다. 소수점 이하로 0이 50개나 이어질 정도로 보잘것없는 크기라는 말이다.

고뇌에 빠질 때마다 이 생각을 하며 지금의 고민이 얼마나 작은지를 되뇌었다. 그렇게 해서 내 작은 생을 조금씩 구원했다.

이 생각은 아버지가 돌아가셨을 때 무섭도록 위력을 발휘했다. 아버지가 눈앞에서 숨을 거뒀을 때, 나는 엄청난 무력감에 휩싸였다. 그 속에서 나를 조금이나마 꺼내준 것은 애초에 인간은 우주의 10의 50제곱분의 1 정도로 무력하다는, 물리학의 가르침이었다.

인생을 살 가치가 없다는 그런 말이 아니다. 인간에겐 자기 힘으로는 어쩔 수 없는 일이 있을 뿐이다. 이 우주처럼.

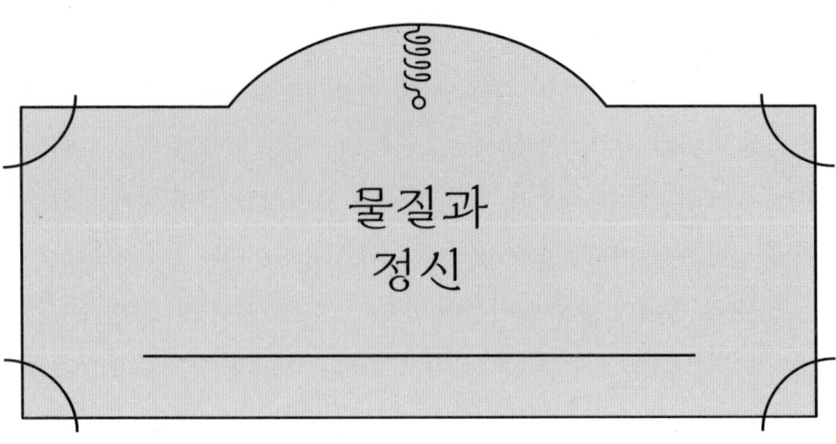

물질과 정신

아버지가 돌아가신 지 이틀째 되던 날, 화장을 했다.

전날 아버지는 싸늘하게 식은 채 장례식장에 누워 계셨다. 밤늦은 시각 그 옆에 앉아 아버지가 좋아했던 맥주를 마시며 이런저런 말을 건넸다. 이제는 차가워진 아버지를 산 사람으로 대한 것이다.

화장을 끝내고 유골을 수습할 때였다. 화장로에서 나온 유골은 더 이상 아버지의 모습이 아니었다. 크고 작은 흰 뼈였다. 그것을 보고 생각했다. '역시 인간은 물질이었다'라고. '아버지조차 물질이었던 거다'라고.

물리학적으로는 지극히 당연한 소리다. 인간이나 동물이나 모두 물질이다. 나는 물리학자를 20년 넘게 해왔고, 그 점을 이해하고 있다고 생각했다. 그러나 그렇지 않았다. 진정한 의미에서 인간이 물질이라는 사실을 이해한 순간은 아버지의 뼈를 마주한 순간이었다.

유골을 하나하나 주워드는 가족들의 모습을 나는 뒤에서 노려보듯 바라보고 있었다. 뼛조각은 말하지 않았다. 움직이지 않았다. 실험실에서 본 적 있는 하얀 덩어리였다. 그것은 완전히 물질이었다.

“아버지는 어디로 가셨을까?”

가족들은 하나같이 그 점을 궁금해했다. 주지 스님께서는 지금쯤 삼도천을 건너고 있을지도 모른다고 하셨다. 하늘에서 보고 계실 것이라는 사람도 있었다.

그건 거짓말이다.

나는 안다. 아버지와 나를 포함한 모든 인간은 물질이며, 이렇게 말하고 쓰고 있는 내 정신은 모두 인간 뇌 속 전기(電氣) 활동에 불과하다는 것을. 아버지의 정신은 아버지 뇌의 신경망에 있었다. 그리고 그 뇌는 화장으로 인해 사라졌다.

정신은 물질로 이루어져 있다. 물질이기에, 물리학이라는 자연의 섭리에 따라 소멸된다.

장례식 이틀 후 나는 아버지의 신경망이 어느 정도의 정보를 가지고 있었는지 알고 싶어져 계산을 해봤다. 아버지 사후 나의 첫 물리학 계산이 아버지 뇌의 정보량 계산이었다.

인간의 대뇌 신피질에는 약 100억 개의 신경세포가 있는 것으로 알려져 있다. 그리고 각각의 신경세포에는 약 1만 개의 시냅스(Synapse)가 있다고 한다. 시냅스는 하나의 신경세포를 다른 신경세포와 연결하는 조직으로, 전기 신호를 신경세포에서 신경세포로 전달한다. 연결된 신경세포와 시냅스의 총체를 신경망, 뉴럴 네트워크라고 부른다.

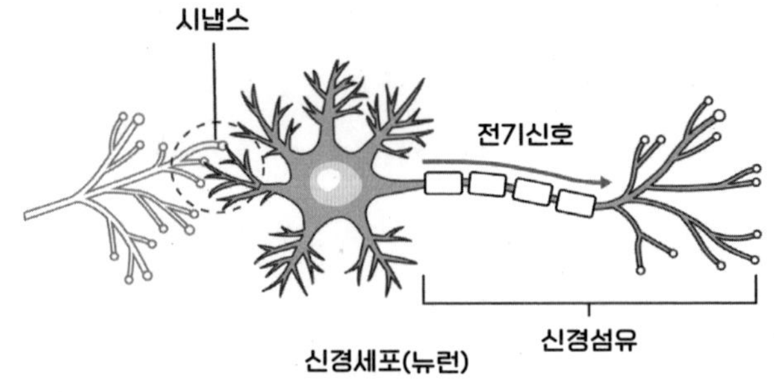

신경망(뉴럴 네트워크)

동물도 인간도 연결 방식이 개체에 따라 다르기에, 사람마다 그 활동에 개성이 드러난다.

100억 개의 신경세포가 각자 1만 개의 '연결 상대'를 고를 수 있다는 가장 단순한 가정을 하면, 신경세포가 연결되는 모든 경우의 수는 10의 100조제곱($10^{10^{14}}$)개다. 그 전부가 인격이나 개성의 형성에는 관여하지 않는다고 해도 경우의 수가 엄청나다는 것을 알 수 있다. 10의 100조제곱($10^{10^{14}}$)개 중 하나가 아버지에게 해당하는 조합이었고, 아버지 뇌 속에 존재했다. 뇌의 상태를 나타내는 경우의 수가 이렇게나 많기에 뇌는 다채로우며 인간은 인간다워진다. 그리고 모든 것은 아버지의 죽음과 화장으로 소거되었다.

물리학적인 정보 이론에서는 정보를 소거하려면 에너지가 필요하다고 한다. 이를 '란다우어의 원리'라고 부른다. 경우의 수가 10의 100조제곱($10^{10^{14}}$)인 뇌 정보를 소거하는 데 필요한 최소 에너지를 란다우어의 원리에 따라 계산해보면, 대략 10의 마이너스 6제곱(10^{-6})줄이 된다. 이 '줄(Joule, J)'이라는 단위는 작은 사과를 약 1미터 들어 올리는 데 필요한 에너지 단위다. 즉 정보 이론적으로 봤을 때, 뇌의 전체 정보를 소거하는 데 필요한 에너지는 사과 하나를 들어 올리는 에너지보다 훨씬 작다.

나는 이것을 아버지의 몸을 화장하는 데 필요했을 에너지와 비교해보았다. 70킬로그램의 인간 몸이 거의 물로 구성돼 있다고 가정한다. 화장로의 온도는 800도에 이른다고 간주한다. 1그램의 물을 섭씨 1도 올리는 데 필요한 에너지는 1칼로리로 정의되며, 1칼로리는 대략 4줄이다. 따라서 화장에 필요했던 에너지는 대략 10의 8제곱(10^8)줄

용어 해설

란다우어의 원리(Landauer's Principle) | 대학원 물리 수준 용어

정보를 소거하려면 에너지가 필요한데, 그 최소 에너지량을 구하는 원리를 말합니다. '정보'라고 하면 인터넷 기사의 문자들이나 컴퓨터 속 0과 1의 나열 등의 이미지가 떠오를 것입니다. 물리학자 롤프 란다우어(Rolf Landauer, 1927~1999)는 그러한 정보를 소거할 때, 열역학 개념과 모순되지 않으려면 반드시 에너지가 필요하다는 사실을 발견했습니다. 정보와 물리학은 떼려야 뗄 수 없는 관계인 것입니다.

+ 더 알고 싶은 분에게

관련 서적(중고등학생 이상용) : 《맥스웰의 도깨비》 쓰즈키 다쿠지 저, 김명수 역, 전파과학사, 2018년

이라는 계산이 나왔다.

즉 란다우어의 원리로 계산한, 뇌 정보를 소거하는 데 필요한 에너지 10^{-6}J은 화장에 들인 에너지 10^{8}J보다 너무 작아서 무시할 수 있는 정도라는 점이 판명되었다.

물론 이 계산은 매우 단순화된 비교이며 이론상으로 화장에 드는 에너지와 정보 소거에 쓰이는 에너지가 그대로 비교될 수도 없다. 하지만 아버지 장례식에서 화장이라는 형태가 너무나도 극적인 인생의 순간을 만들어낸 사실은, 에너지의 관점에서도 이해할 수 있다고 생각한다.

이 세상은 소립자들이 에너지를 서로 주고받으며 움직이고 있다. 그 주고받음의 일부로, 다시 말해 자연의 일부로 아버지의 죽음을 받아들이기 위해 나는 이 계산을 해야 했다.

- 신경세포의 수 : 100억 = 10^{10}

  시냅스의 수 : 1만 = 10^4

  신경세포 1개당 시냅스를 연결할 경우의 수

  (10^{10}개의 신경세포 중 연결할 10^4개를 고르는 경우의 수)

$$= {}_{10^{10}}C_{10^4} \cong (10^{10})^{10^4} / (10^4!)$$

$$\cong (10^{10})^{10^4} / (10^4)^{10^4} = (10^6)^{10^4}$$

$$= (10^6)^{10^{14}} = 10^{6\cdot10^4}$$

  모든 경우의 수 $z = ((10^6)^{10^4})^{10^{10}}$ $k = 1.38\times10^{-23}J/K$

  $\therefore \log z = 6\cdot10^4 \log 10 \cong 10^{15}$

  $\therefore$ 란다우어 한계는 $J = kT\log z = 10^{-23}\cdot10^2\cdot10^{15} = \underline{10^{-6}[J]}$

- 화장의 온도 ~ 800도 ~ 10^3K

  물의 열용량 ~ $4\cdot186J/g\cdot K$

  인간 70kg ~ 10^5g $\therefore$ 필요한 $J = 10^5\cdot10^3\cdot4 \sim \underline{10^8}$ [J]

아버지 뇌의 정보 소거로 인해 발생한 환경의 열 엔트로피는
10^{-8}[J/K]에 불과하다. 이는 열로 하면 10^{-6}[J].
한편, 화장에 사용된 열은 10^8[J]이다.
이는 란다우어 한계보다 열네 자릿수나 크다.
물리적으로 신경망을 소거하는 일은
엄청나게 난폭하단 걸 알 수 있다.

인간은 물질이다.

아버지가 돌아가신 지 나흘째, 첫 물리학 계산을 적은 노트

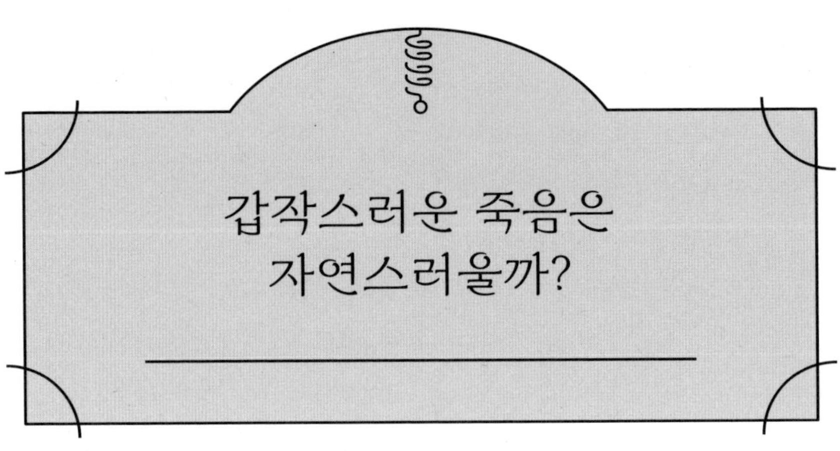

갑작스러운 죽음은 자연스러울까?

화장, 그러니까 '연소반응'이라는 원자 물리학을 쓴 정보 소거법은 자연의 섭리를 이용한 극적인 방법이다. 연소반응은 되돌릴 수 없는 비가역 반응이며, 물질의 구조를 파괴한다. 무지막지한 소거법이다.

뇌 신경망이 형성되는 세월은, 그 기간을 인간의 평균 수명과 같다고 보더라도 100년 즉 1,000,000시간 정도다. 그에 비해 화장은 불과 1시간이면 끝난다. 형성과 소거에 걸리는 시간은 여섯 자릿수나 차이가 난다. 이렇게까지 속도가 달라야 할 이유는 무엇일까?

애초에, 죽음이란 게 갑자기 찾아오는 현상을 어떻게 이해해야 할지 도무지 모르겠다. 아버지는 돌아가시기 하루 전에도 활기차게 지냈다. 며칠 전까지 즐겁게 대화하던 아버지와 이제는 더 이야기를 나눌 수 없다. 이것을 이해하기가 참 어렵다.

'형성에 아무리 오랜 시간이 걸렸어도 깨지는 것은 한순간'이라고 물리학이 가르치지는 않는다. 태양 같은 항성은 빛을 발하기 시작해 탄생에 이르기까지 까마득한 시간이 걸린다. 최후에는, 질량이 크면 초신성 폭발을 일으키고 질량이 작으면 서서히 식어 백색왜성이 된다. 그러니 항성의 수명도 상황에 따라 돌연사가 있기도 하고 긴 세월에 걸쳐 죽음에 이르기도 하는 등 다양한 것이다. 항성이 빛나는 작용을 생(生)이라고 정의한다면 말이다.

지구 같은 행성은 어떨까? 인류가 탄생하기까지 수십억 년이 걸렸는데, 앞으로 수십억 년 더 지나면 적색거성으로 변한 태양에 먹히고 끝나겠지. 먹히는 순간은 극적일 것이다. 비유하자면 지구의 화장이라고도 하겠다.

지구도 화장되니, 인간의 화장도 물리학적으로는 자연스럽다고 말할 수 있을지도 모른다.

생물학적인 죽음을 논하는 방법은 많다. 그러나 나는 물리학자이기에, 자연의 섭리로서의 물리학에 기대어 내 주변의 죽음을 이해하고 싶다. 물리 현상과 생명 현상을 비교하는 일 자체가 자체가 이미 무리일지 모르겠다. 그렇다고 해도, 어떤 시스템이 갑자기 기능을 멈추는 게 가장 자연스럽고 흔한 일이라고 물리학적으로 단언할 수는 없다.

아버지의 갑작스러운 죽음을 나는 물리학적으로도 받아들일 수 없다. 물리학은 비정하다. 도와줄 때는 끝까지 도와주지만, 도와주지 않을 때는 아무것도 해주지 않는다.

아버지가 계신 곳

"아버지는 지금쯤 어디에 계실까?"

가족들이 묻는다. 그런 물음에 진지하게 물리학적으로 답할 만큼 비인간적이지는 않다. 그럴 땐 그저 시치미를 떼고 남들처럼 "음, 하늘에서 우릴 내려다보고 계신 것 아닐까?"라고 말한다.

장례식을 치르고 사흘 뒤, 맑게 갠 하늘을 보았다. '그래. 하늘에 계신다는 말이 꼭 거짓말은 아닐지도 몰라'라고 생각했다. 아버지의 몸을 구성하던 소립자는 거의 다 공기 중으로 방출되었기 때문이다.

인간이든 물질이든 소립자로 구성되어 있기는 마찬가지다. 더 자세히 말하면, 인간의 몸을 구성하는 원자는 원자핵과 전자로 이루어져 있고, 원자핵은 양성자와 중성자로 이루어져 있고, 양성자와 중성자는 쿼크라고 부르는 소립자로 이루어져 있다.

아버지는 돌아가신 후 화장되었고, 몸의 많은 비중을 차지한 물 분자는 그대로 기체가 되어 공기 중으로 방출되었다. 또 몸을 구성하던 유기물은 산소와 결합해 이산화탄소가 되어 공기 중으로 방출되었다. 그렇게 사흘 전 방출된 기체 분자는 지금쯤이면 멀리 퍼져나가 중국에 닿았을지도 모른다.

아버지는 하늘이 된 것이다.

물 분자와 유기물 외에, 뼈를 구성하던 칼슘은 아직 불단 앞 유골함에 담겨 있다. 그리고 혈액 등에 미량 포함되어 있던 철. 그것은 산화철이 되어 화장될 때 공기 중으로 퍼져나갔을지도 모른다.

철이라는 원소는 우주가 생길 당시에는 존재하지 않았다. 항성 중심부에서 가벼운 원소들이 핵융합 반응을 일으키는데, 그때 생성되는 가장 무거운 원소가 철이다. 철은 항성이 자신의 생을 마감하며 최후에 초신성 폭발을 일으킬 때 우주 공간에 흩뿌려진다. 우주 곳곳에 뿌려진 철이 중력에 이끌려 다른 원소들과 함께 모여들어 지구를 구성했고, 그 위에 인류가 나타났다. 그렇게 철은 아버지의 몸 안에서 생명활동 유지에 쓰이고 있었다.

아버지 몸의 일부를 이루던 철은 다시 지구의 일부가 됐다. 아니, 줄곧 지구의 일부였던 철이 아버지 몸 안에 머물다 밖으로 이동했을 뿐이다. 아버지의 생명활동에 근간을 담당했던 몇 그램의 철은 지금은 거의 모두 하늘 어딘가, 땅 어딘가에 존재하고 있을 것이다. 혹 대기 중을 떠다니고 있다면 태양풍을 타고 지구의 대기권 너머로 날아갔을지도 모른다.

아버지는, 우주가 되었다.

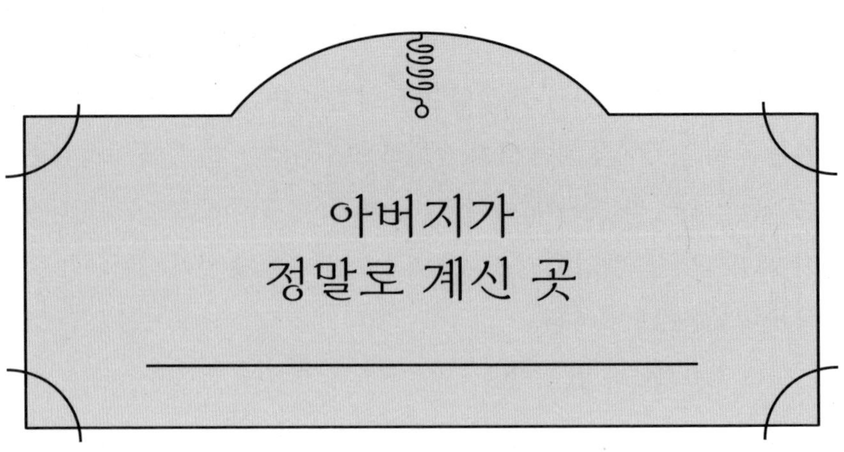

아버지가 정말로 계신 곳

물질로서의 아버지는 개개의 소립자가 되어 하늘 높이 떠돌고 있다. 1년이면 지구의 모든 곳을 여행할 것이다. 여행을 좋아하는 아버지에게 알려드리고 싶다.

그렇다면 아버지가 살아 있었다는 증거, 즉 아버지의 정보는 어디에 남아 있을까.

장례식 후 부고 소식에 놀란 아버지 친구분들과 전화 통화를 할 기회가 많았다. 너나 할 것 없이 아버지와의 추억을 말씀해주셨다. 그렇다. 아버지가 살아 있었다는 증거는 아버지와 실제로 교류한 사람들의 뇌 신경망에 정보로 기억되고 있다.

내 안에도 뇌 신경세포의 결합이라는 형태로 아버지가 살아계실 때의 모습과 말투, 내게 들려줬던 이야기, 함께 재밌었던 일, 혼난 일이 전부 남아 있다. 생전에 보였던 아버지의 언행은 아버지와 관계 맺은 모든 사람의 뇌 속에 부호화(인코딩)되어 있는 셈이다.

거리에서 아버지와 뒷모습이 비슷한 사람을 보면 심장이 철렁 내려앉아 나도 모르게 얼굴을 확인하게 된다. 그렇게 아버지의 정보는 내 뇌의 깊은 곳, 무의식의 영역에도 부호화돼 있다. 아버지를 떠올리려고 의식적으로 기억을 일깨우기도 하고, 우연한 순간에 추억이 제멋대로 되살아나는 등 양상은 다양하다. 뇌의 여러 장소에 여러 형태로, 수많은 신경세포 활동과 함께 아버지의 정보는 내 안에 저장되어 있다.

이 정보는 내가 죽을 때까지, 그리고 아버지와 교류했던 모든 사람의 생명 현상이 사라질 때까지 분명히 존재할 것이다.

최근 인공지능 기술이 발전해 마치 살아 있는 사람과 대화하는 듯한 컴퓨터 프로그램도 등장했다. 이러한 기술을 체험하면서 느낀 점은, 인간도 결국 겉모습의 집합이라는 사실이다.

SNS에서만 이야기해본 친구가 있다면, 그 친구가 이 세상에 존재하는 진짜 인간인지 진실은 알 수 없다. 그들의 말과 행동은 단지 '정보'이며 타인에게는 인지의 대상, 겉모습일 뿐이다.

그런 의미에서 아버지의 언행은 모두 정보였다. 아버지라는 정보의 총체는 나를 포함한 많은 사람의 언행에 계속해서 영향을 준다.

아버지는 살아계신다. 우리들의 뇌 속 정보로 남아서.

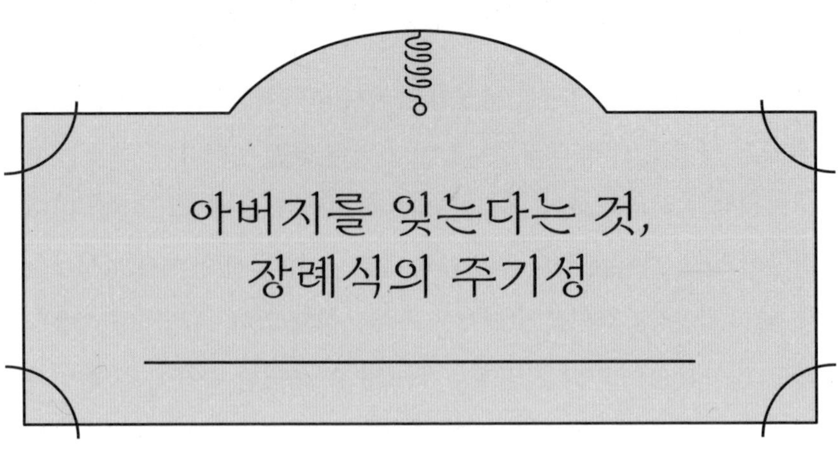

아버지를 잊는다는 것, 장례식의 주기성

가까운 사람을 잃은 슬픔을 달래는 데는 시간이 약이라고 한다. 그 말은 점차 고인을 잊어간다는 의미일까? 뇌 속의 정보는 서서히 망각된다.

슬퍼서 울음을 터뜨리는 행위는 의사소통 이상의 의미가 있는 것 같다. 나의 뇌 활동이 누군가의 죽음이라는 급격한 환경 변화를 견디도록 어느 정도 방파제를 세우는 느낌이다. 날이 갈수록 조금씩 잊어 간다는 것 또한, 생명활동을 유지하기 위한 기본 원칙일지도 모른다.

그렇다면 아버지의 정보는 내가 살아 있는 동안 언젠가는 사라져 버릴까? 그런 안타까운 현상이 인간 삶의 섭리일까?

오쓰야, 장례식, 초재를 거치고 이후에 치를 다양한 의식 일정을 세워야 했다.◑ 중요 의식으로는 49재, 1주기, 7주기 등이 있다. 의식과

의식 사이의 기간이 점차 길어진다. 문득 깨달았는데, 여기에는 법칙이 있다. 모두 7의 배수에 의식을 치른다는 것이다. 즉 오쓰야부터 장례식까지가 1일, 장례식부터 초재까지가 7일, 그다음은 49재로 7×7일, 1주기는 7×7×7 해서 대략 1년에 가깝다. 왜 그럴까?

재는 고인을 추모하기 위해 올리는 것일까? 인간은 망각한다. 사람의 기억에 관한 연구에 따르면 '망각 곡선(Forgetting Curve)'이라는 개념이 있다. 며칠이 지난 뒤 얼마나 기억하는지에 관한 비율을 날짜 함수로 나타낸 것이다. 다양한 연구를 통해 여러 함수형이 제안되었다. 로그함수를 이용하는 것도 있고 지수함수(164쪽 용어 해설 참조)를 이용하는 것도 있다.

물리학에서 방사성 원소처럼 들뜬 상태(에너지가 높은 상태)가 감쇠하는 법칙은 전형적으로 지수함수적으로 나타난다. 일반적인 망각도 그러리라고 생각하는 게 물리학적으로도 자연스럽다. 그러나 '사람의 죽음'이라는 가장 강렬한 자극에 따른 망각 곡선만큼은, 그것이 들어맞지 않을지도 모른다.

물리학에서는 '임계 현상(Critical Phenomenon)'이라는 개념이 있다. 물이 수증기가 되는 순간처럼 물질의 성질이 극적으로 변할 때의 경계 현상을 말한다. 임계 현상이 나타나면, 그 현상을 일으키는 물질이나 조건이 달라도 공통적인 '임계 법칙'이 성립한다. 더 이상 지수함수적 감쇠는 발생하지 않고, 대신에 거듭제곱함수($y=x^n$처럼 변수 x의 거듭

◑ 오쓰야(お通夜)는 보통 사망 당일 또는 다음날 밤에 향을 피우며 가족이 고인과 시간을 보내는 의식이다. 오쓰야 다음날 장례식과 화장을 치르니, 장의는 2~3일이면 끝난다. 그 뒤 7일마다 재(齋)라는 불교 의식을 치른다. 49재가 일곱 번째이자 마지막 재다. 1주기는 사망 1년째 되는 해, 7주기는 7년째 되는 해에 치르는 불교식 재다.

제곱으로 정해지는 함수)적 감쇠가 일어난다.

예를 들어 x분의 1 같은 형태의 함수다.

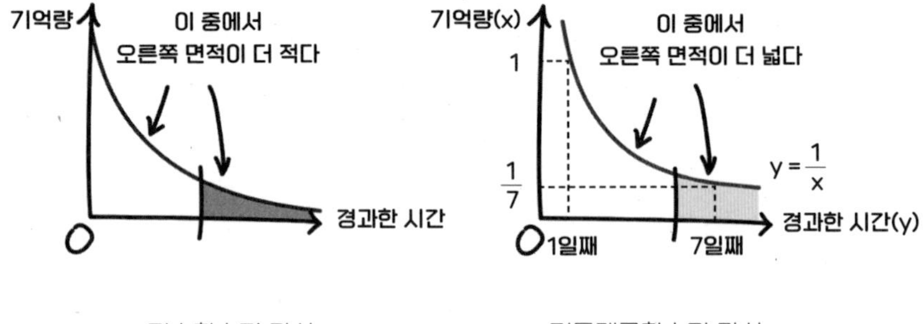

지수함수적 감쇠

거듭제곱함수적 감쇠

사람의 죽음이라는 강렬한 자극에 대한 망각 곡선이 임계적인 신경망에서는 거듭제곱형 곡선을 따른다고 가정하면, 우리가 치르는 사후 의식에 대해서도 어느 정도 수긍이 간다. 즉 남은 기억이 전보다 7분의 1로 희미해질 때마다 제사를 지내는 셈이다.

인간은 잊어가도록 설계된 존재이기에, 아버지에 관한 모든 추억을 뇌 속에 남기기는 불가능하다. 그러나 그 기억들 가운데 일부라도 확실히 붙잡아 내 안에 아버지를 머무르게 하는 일은, 아마도 나 자신이 인간으로 살아가는 생명활동 기능을 유지하는 데 중요한 요소라고 상상해본다. 장례 의식이 기억의 망각 곡선을 따라 치러지는 것은 인류가 경험적으로 획득한 무언가일 것이다. 이제는 선인들의 지혜에 따라 의식을 치르고 기억 속의 아버지와 편안하게 살아가려 한다.

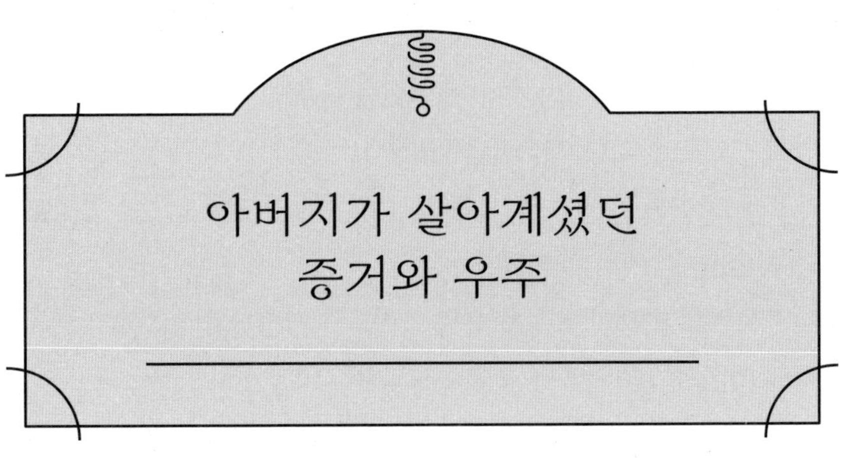

아버지가 살아계셨던 증거와 우주

망각곡선이 거듭제곱적이든, 지수함수적이든, 이 함수의 중요한 성질은 날짜가 아무리 지나도 결코 0이 되지 않는다는 점이다. 0에 가까워지기는 하지만, 0이 되지는 않는다. 이것이 나를 안심시켜 준다. 내 안의 아버지는 없어지지 않으니까 말이다.

그러나 이 안도감은 한 줌의 안심에 불과하다. 0에 이르지 않는다고 해도 이 세계는 수학이 아니라 물리학이다. 0에 가까운 한계값이 존재하며, 망각 곡선이 그보다 밑으로 내려가면 사실상 완전히 잊는 것과 다름없다.

그렇다면 아버지도 그렇게 이 세상에서 사라져버리는 걸까. 물리학은 이 고통에서 나를 구해줄 수 없는 걸까.

물리학의 기본 원리에 '인과율(Causality)'이라는 개념이 있다. 모든 현상에는 원인이 있으며, 과거의 원인이 미래의 현상을 형성한다. 그 반대는 있을 수 없다. 인과율을 바탕으로 우주의 모든 현상은 시간의 흐름에 따라 발전한다. 이 '모든 현상'에 인간의 활동도 전부 포함된다. 아버지의 인생도 그러하다.

내가 지금 존재하는 것은 분명 아버지가 어머니와 결혼했기 때문이다. 아버지의 행동이 이 문장을 낳았다.

그뿐 아니다. 나의 존재를 넘어 아버지의 존재는 계승되어 간다. 인과율에 근거해 모든 물리가 발생한다면, 아버지가 살아서 활동했다는 흔적은 현재, 그리고 앞으로의 미래 여러 현상에 영향을 준다. 그리고 영향은 사라지지 않는다.

미시 세계를 다루는 물리학인 양자역학에 따르면, 인과율에 의해 바로 직전 순간의 우주 상태가 다음 순간의 우주 상태를 결정한다. 이때 모든 확률(우주의 총 정보량)은 보존되고 그 흔적은 어딘가에 정보로 남는다. 양자역학에서는 이러한 원리를 '유니터리 시간 발전'이라 부른다.

따라서 아버지가 살아계셨던 상태로부터 시간 발전에 의해 형성된 현재 상태는 틀림없이 그 영향을 받았고, 모든 정보를 보존하고 있는 셈이 된다. 앞으로도 영원히.

숨을 깊이 들이쉬고 마음을 가라앉혔다. 대학에서 양자역학을 배워 정말 다행이다. 대학에 가서 공부하라 권해주신 아버지께 진심으로 감사드리고 싶다.

어제, 친한 선배에게 아버지가 돌아가셨다고 이야기했다. 선배도 이론 물리학자다. "언젠가는 아버지를 잊어버리고 마는 걸까요?"라며 한숨 쉬는 나에게 선배는 이렇게 말했다.

"우주는 유니터리 시간 발전을 하니까, 아버지의 정보는 저장돼 있어."

선배는 나와 똑같은 생각을 하고 있었다. 정말 좋은 친구를 두었다는 생각이 들었다. 이런 물리학의 세계로 나아가는 나를 격려해준 사람은, 아버지였다.

아버지가 살아계셨던 증거는 우주에 아로새겨져 있다.

(2021년 9월)

용어 해설

유니터리 시간 발전(Unitary Time Evolution) | 대학교 물리 수준 용어

미시 소립자의 움직임을 수식으로 나타내는 학문을 '양자역학'이라고 부릅니다. 양자역학의 기초방정식에 따르면, 모든 현상은 직전 현상으로부터 이어지는 시간 발전으로 결정됩니다. 이를 '유니터리한 시간 발전'이라고 부릅니다. 유니터리는 수학에 나오는 행렬의 종류입니다. 유니터리 행렬을 이용한 시간 발전에서는 각각의 현상이 일어날 확률을 전부 더하면 1이 된다는 확률 보존의 원리가 성립하기 때문에 물리학에서 중요하게 여겨집니다.

+ 더 알고 싶은 분에게

관련 서적(중고등학생 이상용) : 《직감하는 양자역학》 마쓰우라 소 저, 전종훈 역, 보누스, 2022년

SF와 물리

•

울트라맨은 어디서 왔을까? 이 문제에 설마 내가 휘말리게 될 줄은 생각지도 못했다. 영화 <신 울트라맨>에 이론 물리학 감수자로 참여한 나는 어린 시절 TV에서 <울트라맨>을 보면서 늘 막연한 의문을 품고 있었다. 마침내 그 의문에 대해 나름대로 진지한 답을 내놓을 절호의 기회가 왔다. 과연, 울트라맨은 어디서 왔을까?

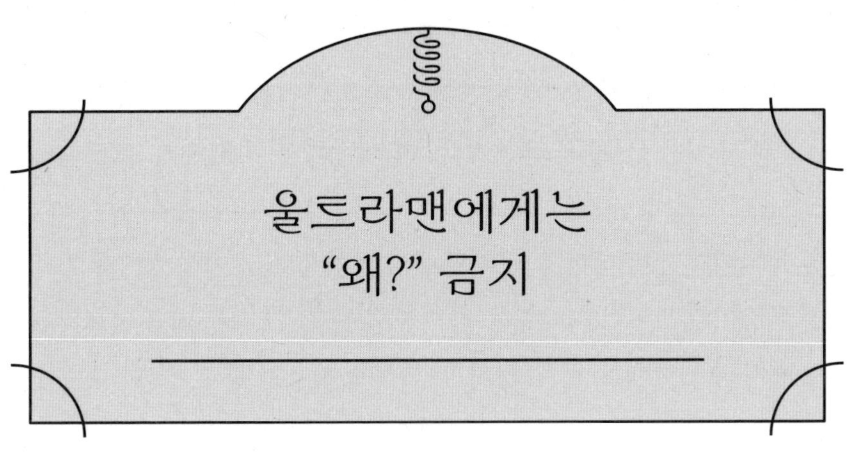

울트라맨에게는 "왜?" 금지

초등학생 시절 TV에서 <울트라맨> 시리즈를 보게 된 것은 단지 학교에서 울트라맨 놀이가 유행했기 때문이다. 1980년대에는 전국 어느 초등학교에서나 같은 광경을 볼 수 있었다. 울트라맨 역할을 하는 친구가 온갖 필살기를 펼쳐 보일 때 나는 괴수에게서 도망치며 우왕좌왕하는 역할을 했다.

강한 울트라맨, 힘센 괴수는 동경의 대상이었다. 하지만 내심 난 '사실 저런 거대한 인간은 없어. 진짜 저런 괴수는 없다고'라는 생각을 했다. 아쉬운 일이지만 애들하고 놀 때 "왜?"는 금지다. 왜 손에서 광선이 나가는지, 어째서 하늘을 날 수 있는지, 가슴에는 왜 색색의 타이머를 달고 있는지. 언젠가 친구에게 "왜?"라고 물은 적이 있는데 "텔레비전에 나오니까"라는 대답밖에 돌아오지 않았다. 친구는 "그런

걸 왜 물어?"라고 되묻더니 나를 혼자 두고 가버렸다.

그래서 나는 '진짜'를 좋아했다. 이 세상에 진짜 존재하고, 커다랗고, 움직이고, 강한 것. 나에게 그런 존재는 열차였다. 운전자는 고작 한 명이지만 그가 레버를 잡고 휙 돌리면 강철로 된 여섯 량짜리 거대한 차량이 움직이기 시작한다. 풀리지 않는 '왜'가 너무 많은 울트라맨은 아무리 노력해도 될 수 없지만, 전철 운전사는 될 수 있다. 나는 전철을 움직이는 기구인 모터에 흥미를 느꼈다. 그래서 지금 물리학자를 하고 있는지도 모른다. 적어도 왜 전철이 움직이는가 하는 구조나 원리는 물리학으로 이해하고 있으니 말이다.

하지만 울트라맨의 작동 원리는 물리학으로 이해하려 해서는 안 된다. 울트라맨에게는 "왜?"라고 물으면 안 된다. '왜'가 금지되는 '가상 세계'의 약속이기 때문에. 오랫동안 그렇게 생각했다.

과학자에게 SF란

SF가 싫었다. 공상과학은 한마디로 거짓말이기 때문이다. SF의 'F'가 픽션(Fiction)의 약자니까 말 그대로 꾸며낸 이야기라는 말이지 않은가? 그래서 줄곧 SF 작품을 순수하게 즐기지 못했다. SF영화를 봐도 '저건 말이 안 돼', '물리 법칙에 어긋나잖아' 싶은 부분만 눈에 띄어 줄거리를 즐길 수 없었다. 나의 이런 결함은 특히 하드SF 장르의 소설을 만나면 더 뚜렷하게 드러난다. 과학적 사실에 입각한 이들 작품에는 물리학 전문용어도 마구 쏟아지기 때문에 책장을 펼칠 때부터 동료의 학술논문을 심사하는 관점이 돼버린다. 그러니 즐기기는커녕 서사가 머리에 들어오질 않는다.

울트라맨에 대해서도 마찬가지다. 한편에는 '왜' 금지 룰에 반항하는 물리학자인 내가 엄연히 존재하고, 또 한편에는 작품에서 소박한 감정을 느끼고픈 나도 존재하는데, 그 둘이 한데 섞여 감정이입이 어려운 것이다.

SF에 마음을 허락하지 못한 채로 물리학자가 된 지 20년. 나는 우주 전체가 일종의 뇌 신경 회로망 같다는 생각에 사로잡혔다. 그 생각을 구현할 물리 모델을 상세히 검토하고 '우주 = 뇌'라는 가설의 물리학 학술논문을 여러 편 집필했다. 그 논문들은 전문 학술지의 동료 심사를 거친 뒤 출판되어 지금은 다양한 연구자가 생각을 발전시키고 있다.

오래 살고 볼 일이다. 우주가 뇌라니, 이야말로 공상과학 같지 않은가?

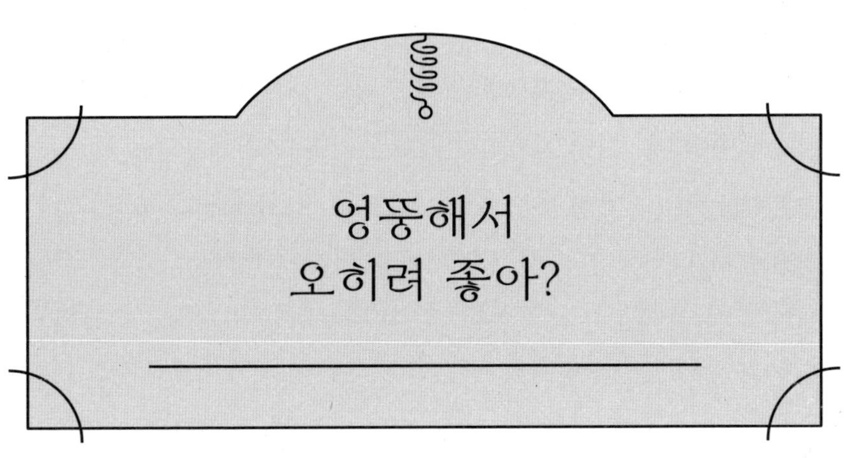

엉뚱해서 오히려 좋아?

'공상과학은 별로라면서 지금 하는 게 공상과학 아닌가?' 하는 의문이 머릿속을 맴돈다. 내 지향점을 해명해야겠다.

물론 물리학 학술논문은 공상과학이 아니다. 즉 꾸며낸 이야기가 아니라는 말이다. 실제로 물리학은 실증과학이다. 그 어떤 가설도 실험으로 증명되지 않으면 가설일 뿐이다. 실험을 통해 반증이 제기되면 그 가설은 잘못된 설로 묻힌다. 지어낸 이야기가 살아남을 수 있는 세계가 아니다.

그러나 주목해야 할 지점은 그 가설이 만들어지는 단계, '애브덕션(Abduction 가설적 추론)'이다. 여러 현상을 하나로 묶어 설명할 수 있는 통일된 메커니즘을 제안하는 가설 생성 단계가 애브덕션이다. 잔디와 벤치가 젖어 있는 것을 보고 그 이유를 설명하기 위해 '비가 내렸다'는 가설을 세우는 식이다.

이 단계에서는 아직 검증되지 않은 가설이 평가 대상이다. 평가 기준으로는 가설이 정말 맞는가보다 '얼마나 그럴듯한가', '얼마나 광범위하게 적용될 수 있는 원리인가', '얼마나 많은 가능성을 내포하고 있는가'를 본다. 가설이 실험으로 검증될 만큼 정밀한 형태로 다듬어지는 것은 훨씬 나중의 일이다.

용어 해설

가설(Hypothesis) | 대학교 물리 수준 용어

과학은 수많은 가설에서 출발합니다. 가설이 없으면 과학의 진보는 있을 수 없습니다. 가설이 정식화되고 실험으로 확인되어야 과학 이론이 탄생합니다. 가설 단계에서는 '과학 이론'이라는 말을 쓰지 않고 '모델(Model 모형)'이라 부릅니다. 모델 중에서도 현실에 적용할 수는 없으나 현상의 배후에 있는 메커니즘을 잘 드러내는 것을 '장난감 모델'이라고 부릅니다. 가설에서 장난감으로, 장난감에서 모델로, 그리고 이론으로. 과학 이론이 생기려면 이토록 많은 난관을 지나 성공해야 한답니다.

+ 더 알고 싶은 분에게

관련 서적(일반용) : 《과학과 가설》 앙리 푸앵카레 저, 이정우·이규원 공역, 에피스테메(방송대출판문화원), 2014년 애브덕션 단계에서는 사실 공상과학 같은 엉뚱한 생각이 환영받는 경향도 있다. 예상 밖이라서 아무도 깨닫지 못했던 가설이야말로 난제를 해결하는 열쇠가 될 수 있기 때문이다.

물리학에서는 모든 현상을 설명하기에 앞서 몇몇 현상을 설명하는 '장난감 모델(Toy Model)'이라는 가설을 고안한다. 장난감 모델은 가설 중 가장 단순하고, 달리 말해 유치하면서 간소하고, 그렇지만 본질을 포착하고 있는 내용이다. 장난감 모델 가설이 현실세계와 연결되려면 한층 상세한 모델이 가설로 제안되어야 하나, 그러한 상세 모델이 작동하는 핵심 원리는 이미 장난감 모델 속에 모두 들어 있다고 보면 된다.

사실 어찌 보면 소립자 물리학이 확립된 역사도 이와 비슷하다. 노벨 물리학상을 받은 학자 난부 요이치로(Yoichiro Nambu, 1921~2015)의 가장 중요한 공적은 한마디로 '우주는 초전도(超傳導)다'란 사실을 간파했다는 점이다. 초전도란, 특수 물질을 저온으로 냉각하면 전기 저항이 0이 되어 전류가 영구히 흐르는 현상을 말한다. 어느 특수하고 작은 물질에서 일어나는 현상이 알고 보니 우주 전체에 적용된다니!

그가 제안한 장난감 모델은 '자발적 대칭성 깨짐'이라는 원리로 확립되었고, 이후에는 '소립자의 표준모형'이라 불리는 보다 상세한 모델의 한 부분으로 기능했다. 그리고 현재, 인간이 관측하는 거의 모든 현상을 설명하는 이론으로 쓰이고 있다.

초전도라고 하면 듣기만 해도 얼음장 같은 실험실이 떠오르는데, 우주가 바로 그 초전도라니. 공상과학처럼 엉뚱하지 않은가!

용어 해설

자발적 대칭성 깨짐(Spontaneous Symmetry Breaking)

| 대학원 물리 수준 용어

물리학에서 대칭성이란, 바꾸거나 회전시켜도 똑같이 보인다는 말입니다. 예를 들어 와인병이 세워져 있을 때, 병을 빙글빙글 돌려도 보이는 모양은 같습니다. 이를 전문용어로 '회전 대칭성'이라 부릅니다. 그런데 병이 한쪽으로 쓰러지면, 원래의 회전 대칭성은 사라집니다. 대칭이 한 방향으로 깨졌으니까요. 만약 언제라도 쓰러질 듯 불안정한 형태의 병이라면 누가 건드리지 않아도 스스로('자발적으로') 한쪽으로 넘어져 대칭성을 잃습니다. 이를 '자발적 대칭성 깨짐'이라 합니다. 언뜻 보기에는 일상적인 현상이 소립자 물리학의 근간이 되는 원리라는 사실을 난부 요이치로는 발견했습니다.

+ 더 알고 싶은 분에게

관련 서적(일반용): 《早すぎた男 南部陽一郎物語 時代は彼に追いついたか(너무 빨랐던 남자 난부 요이치로 이야기 시대는 그를 따라잡았는가)》 中嶋彰(나카시마 아키라) 저, 講談社, 2021

난부 요이치로가 해준 대답

결론적으로, 난부 요이치로의 그 엉뚱한 생각이 정말로 우주에 작동하고 있었다. 그는 "물리학의 예언자"로 불리며 보통의 물리학자보다 10년 앞을 내다본다고 알려졌다. 제안 당시에는 엉뚱하기만 하고 왜 그런 생각을 했는지도 알 수 없던 가설이, 나중에 가서는 대단히 중요하다고 판명되었기 때문이다. 이것은 운명의, 아니 우주의 장난일까?

난부 씨는 사망하기 몇 년 전 마지막 연구 세미나를 열었다. 우리 물리학자들 앞에서 그는 전문적인 수식을 자유자재로 가지고 놀며 흥미로운 결과를 차례차례 보여주었다. 강연이 중반쯤 접어들었을 때 그는 어떤 가설을 도입했다. 그 가설은 물리학에서 잘 알려진 미시 원리를 태양계라는 거대한 물리계에 적용한다는 것이었다. 우리는 깜짝 놀랐다.

여느 물리학자가 그런 말을 하면 폭소부터 터져나왔을 것이다. "적용 한계◑라는 건 알고 계시죠?" 같은 질문이 날아들고 강연이 중단될 게 뻔했다. 하지만 강연자는 난부 씨다. 청중들은 모두 얼굴을 마주 보며 이어지는 이야기에 귀를 기울였다.

그리고 강연의 막바지에 이르렀을 때, 그의 가설에서는 태양계의 중요한 성질이 도출되었다. 모두 경악했다.

나는 난부 씨에게 마지막 질문을 던졌다.

"왜 그런 가설을 도입하셨나요?"

난부 씨는 웃으며 답했다.

"재미있잖아요."

몸이 떨려왔다. 역사적인 가설 생성 순간을 목격한 느낌이었기 때문이다.

그렇다. 재미있으니까 해보는 거다. '이런 가설을 세우면 얼마나 재미있는 일이 벌어질까'에서부터 가설은 시작된다. '우주가 초전도라면?'이라는 가설에 젊은 날의 난부 씨는 가슴이 뛰었을 게 틀림없다.

그때 경험에 자극받은 나는 SF와 맞먹을 만큼 엉뚱한 물리 이론이야말로 '재미있는' 물리이며, 물리학 자체를 발전시킬 잠재력이 있다고 생각하게 되었다. 그 생각이 우주와 뇌가 비슷하다는 가설의 생성으로 이어졌다.

나 같은 물리학자에게 SF는 읽는 것이 아니라, 쓰는 것이었을지도 모른다.

◑ 이론 등이 실제로 작용하거나 효력을 발휘할 수 있는 범위의 경계.

고질라와 아인슈타인 수식

그렇다면 SF를 쓰는 쪽으로 방향을 틀면 되지 않을까?

나름대로 애브덕션에 상상력을 쏟아붓는 인생을 살아왔으니 세상에 공헌할 여지가 있겠다. 이렇게 생각한 나는 서서히 그 아이디어를 실행에 옮겼다. 공상과학물을 제작하는 측의 일원으로 끼어들어 세상에 물리학을 퍼뜨리는 것이다.

물론 픽션인 SF에 '진짜' 물리학을 섞는 작업은 리스크를 동반한다. 공상과학을 즐긴 시청자가 그 속에 등장하는 물리적 개념을 진짜 물리학으로 착각할 가능성은 늘 있다. 그러나 <울트라맨>처럼 허구성이 전면에 드러나는 작품이라면 시청자가 픽션임을 이미 이해하고 있기에 위험성이 덜하다고 생각했다.

2018년, 절호의 기회가 찾아왔다. 우연히 식사 자리에서 안면을 튼

세시타 히로유키 영화감독에게서 제작 중인 영화에 협력해달라는 제안을 받은 것이다. <고질라: 행성 포식자>라는 영화로 애니메이션 고질라(통칭 '애니 고지') 시리즈의 마지막 편이었다. 주인공이 근미래의 물리학자라는 설정인데, 그가 중요한 물리학 개념을 발견하는 장면의 칠판 필기 내용을 생각해달라는 요청이었다.

고질라 시리즈는 일본에서 가장 전통 있는 SF 영화다. 고질라가 태어난 배경이 수소폭탄 실험으로 인한 지구의 방사능 오염이라는 설정은 유명하다. 핵반응을 일으키는 소립자를 연구 중인 나로서는 이 영화에 참가하는 일이 뜻깊겠다는 생각에 흔쾌히 수락했다.

영화에 나오는 칠판에는 아인슈타인이 발견한 수식을 쓰기로 했다. 아인슈타인이 그 수식을 도출해낸 방식과 똑같이 칠판에 풀어썼다. 마침 칠판 한 장 정도의 분량이었다. 수식을 쓰는 과정을 동영상으로 찍어 감독에게 보냈더니 바로 오케이 사인이 떨어졌다.

'애니 고지'가 개봉하는 날 극장에 갔다. 매우 중요한 장면에 내가 쓴 칠판이 나오고 있었다. 엔딩크레딧의 "이론물리학 칠판 작성 협력" 문구 뒤로 내 이름이 흘렀다.

복잡한 감동에 젖어 그것을 바라보았다. 소립자 물리학, 특히 아인슈타인의 수식은 우주의 수수께끼를 규명했다. 그리고 원자력과 원자폭탄을 탄생시켰다. 일본에 원폭이 투하되었고, 지금은 핵의 힘이 균형을 이루는 가운데 세상이 움직인다. 원자핵을 이루는 핵력을 밝혀낸 유카와 히데키(湯川秀樹, 1907~1981), 소립자의 표준모형 일부를 완성한 마스카와 도시히데(益川敏英, 1940~2021), 두 노벨 물리학상 수상자는 핵무기 근절 운동과 반전 운동을 벌였다. 나는 그런 물리학자

계보의 후예로서 소립자 물리학을 배우고 연구한다. 과학자의 사회적 책임을 내 나름대로 완수하기 위해 노력해야 할 단계에 왔다고 생각했다.

과연 고질라 영화의 위력은 괴수급이었다. 고등학교를 비롯해 수많은 대중 강연에 초대되었다. 물리학 이야기를 시작할 때 나는 애니고지의 예고편 영상을 틀어주며 물리학과의 관계를 설명했다. 청중이 SF영화라는 입구를 통해 물리학이 지닌 임팩트, 사회에서의 중요성을 익혀나가고 있다는 사실이 피부로 느껴졌다.

이른바 '사회에 당장은 도움이 되지 않는 기초과학'에 오랜 세월 몸담아 온 나에게 그 느낌은 정말 귀중했다. 유카와 히데키가 숱한 대중 강연과 문화 교류에 계속해서 힘썼던 이유가 이런 느낌 때문이었을지 모른다고 통감했다.

소립자 물리학 교향곡

영화만이 SF는 아니다. 사이언스에 기초한 픽션이란 말이 가리키는 범위는 매우 넓다. 감정을 움직이는 픽션은 곧 예술이기도 하니 '사이언스 아트' 또한 SF의 일종이다.

일본에서 처음 노벨상을 받은 유카와 히데키는 전통시를 자주 읊었다. 소립자가 붙었다 떨어지는 모습을 나타내는 '파인만 다이어그램'으로 유명한 물리학자 리처드 파인만(Richard Feynman, 1918~1988)은 타악기를 사랑해 퍼커션 연주자로도 활약했다.

수년 전, 나는 우연히도 한 퍼커션 연주자를 알게 되었다. 그의 이름은 야닉 파제(Yannick Paget). 작곡가이자 간사이 시티 필하모닉 교향악단의 객원 지휘자였다.

우주의 시작 같은 물리학 관념에 큰 관심을 보이는 그에게 소립자

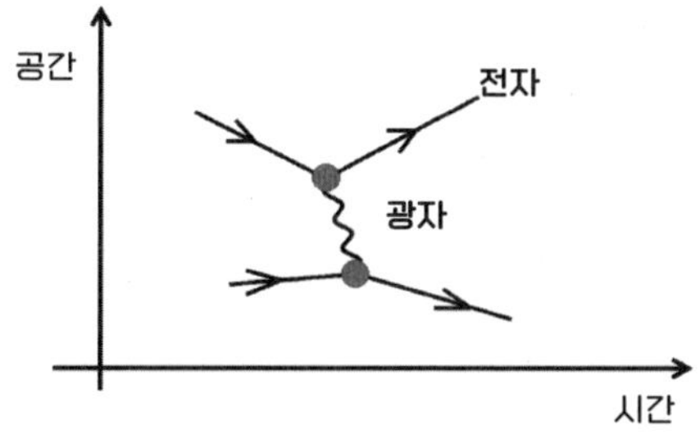

전자 사이에 작용하는 전자기력을 나타내는 파인만 다이어그램.
두 개의 전자가 공간 속에서 떨어져 움직이다가 한 전자가 광자를 방출하고 다른 전자가 광자를 흡수한다. 이 과정을 통해 전자 사이에 힘이 작용한다.

용어 해설

파인만 다이어그램(Feynman Diagram) | 대학원 물리 수준 용어

현재까지 발견된 17종의 소립자들은 서로 붙거나 떨어지면서 힘을 주고받습니다. 예를 들어, 두 개의 전자 사이에 작용하는 전자기력(Electromagnetic Force)은 두 입자가 광자(빛 입자)를 주고받는 과정에서 발생한다고 여겨집니다. 이처럼 소립자가 다른 소립자에서 방출되거나 흡수되는 과정이 미시 세계에서는 끊임없이 일어나고 있습니다. 노벨 물리학상을 수상한 리처드 파인만이 고안했으며, 지금은 전 세계적으로 통용되는 표준적인 도식으로 정착했습니다.

+ 더 알고 싶은 분에게

관련 서적(일반용) : 《파인만 씨, 농담도 잘하시네!》 리처드 P. 파인만 저, 김희봉 역, 사이언스북스, 2000년

가 어떤 반응을 일으키는지 등을 설명할 기회가 많았다. 이야기를 나누다 보니 가장 중요한 국면에 이르렀다. 이 우주에는 전자와 광자 등 17종의 소립자가 있고, 저마다 '전하(電荷)'라고 불리는 특징적인 숫자가 매겨져 있다는 점, 그리고 그 숫자 조합을 통해 소립자의 반응이 나타난다는 설명을 할 때였다. 그는 작곡에 쓰이는 음악 이론이 소립자의 반응과 비슷한 것 같다고 했다.

"이런 유사성을 이용하면, 예컨대 태양 중심에서 일어나는 소립자의 반응을 음악으로 번역할 수 있지 않을까?"

우리는 즐겁게 이야기를 나눴다. 소립자와 음악은 닮았다. 그렇다면 두 개념을 오갈 수 있을지도 모른다. '재미있는 가설'이 제안된 순간이었다.

그 이야기가 나온 지 2년이 흘렀다. 2021년 9월, 야닉 씨는 오사카 더 심포니홀 무대의 지휘자로 서 있었다. 그가 작곡한 교향곡 <아마테라스>의 초연 날이었다.

이 <아마테라스>가 바로 태양 중심부에서 발생하는 핵융합 반응을 음악으로 번역해 작곡된 교향곡이다. 연주가 끝난 뒤, 나는 더 심포니홀을 가득 메운 관객들의 쏟아지는 박수갈채보다 소립자의 반응을 온몸으로 '체감'했다는 사실에 더 감동했다. 우리의 '재미있는 가설'이 과학 이외의 방법, 즉 감동이라는 형태로 검증되었다고 느꼈다.

물론 교향곡을 듣는다고 해서 소립자 물리학을 이해하게 되는 것은 아니다. 이 작품은 사이언스가 아니라 사이언스 픽션, 사이언스 아트다. 그러니 교향곡 자체가 그대로 과학의 역할을 하며 사회에 도움을 줄 수는 없다.

소립자의 반응을 나타내는 숫자열을 악보로 번역하는 재밌는 작업.
이 작업은 SF교향곡 <아마테라스>로 승화했다.

하지만 그 곡을 즐긴 분들이 '왜 이런 악곡이 나왔는지에 흥미를 느끼고 그것을 계기로 과학이 궁금해질' 가능성은 다분하다. 실제로 공연이 열린 더 심포니홀에서는 공연 후 팸플릿을 찬찬히 읽고 있는 청중들의 모습이 눈에 띄었다. 나는 팸플릿에 소립자 물리학에 관해 자세히 설명해두었다. 그분들의 모습을 잊을 수 없을 것 같다. 과학을 세상에 널리 퍼뜨리는 SF의 형태에 음악 예술도 있을 수 있다는 사실이 명백하게 마음으로 실증되었다.

과학을 느끼는 '몸'의 예술

과학을 과학자가 아닌 사람들에게 소개할 효과적인 방법을 고민해온 긴 여정의 끝자락에서 나는 야닉 씨를 만났다. 그 여정의 결실이 바로 교향곡이었다.

물리학자는 정부 부처로부터 사회공헌 활동을 해달라는 요구를 자주 받는다. 세금을 받아 연구하는 처지니 당연하지만, 연구의 1차 목적이 사회 기여는 아니기 때문에 곤란할 때도 많다. 나 또한 곤란했던 한 사람이다.

10여 년 전 이화학연구소에 근무할 때의 일이다. 연구소에서는 1년에 한 번 '일반 공개'라는 이름의 이벤트를 개최했다. 방문하는 일반 시민에게 과학을 알려주거나 연구 내용을 널리 알리는 행사다. 내 연구실에서도 일반 공개를 진행하게 되어, 연구원들이 연구 성과를 정리한 포스터를 만들고 나는 앞에 서서 설명하는 역할을 맡았다.

아니나 다를까, 안타까운 일이 벌어졌다. 설명은 서툴렀고 포스터는 너무 전문적이었던 탓에 이 일의 재미가 전혀 전해지지 못한 것이다. 어떤 분은 참을성 있게 10분이나 듣다가 "어려운 일을 하시는군요, 힘내세요"라는 한마디를 건네고 도망치듯 방을 떠났다. 나의 무력함을 느꼈다.

자녀들을 데리고 온 부모님 앞에서도 마찬가지였다. 초등학생과 그 어머니가 왔는데, 어머니는 설명을 끈기 있게 들었지만 결국 양미간을 찌푸렸다. 이야기를 듣고 돌아가려던 어머니가 아들에게 말했다.

"그래도 모처럼인데, 악수라도 부탁드릴래?"

초등학생은 조심조심 앞으로 나와 손을 내밀었다. 내가 손을 맞잡자, 아이는 뛸 듯이 기뻐하며 어머니에게 소리쳤다.

"내일 학교에 가서 자랑할래요!"

나는 근본적으로 틀려 있었음을 깨달았다. '과학을 전할 게 아니라, 우선 과학자라는 사람이 있다는 것부터 전해야겠구나.'

다음 해 일반 공개 때는 연구실 공개 방법을 바꾸었다. 시민용 포스터를 따로 준비하는 대신 평소의 연구실을 동물원처럼 구경할 수 있게 한 것이다. 그리고 한쪽에는 "연구원 책상에 앉아보자"라는 코너를 만들고 당일 한정으로 내 자리를 개방했다. 그랬더니 이 동물원 기획에 시민이 천 명이나 몰려들었다. 중년의 어느 견학자는 몇 시간씩 우리 연구자(=동물원의 동물)가 연구하는 모습을 바라보았다. 우리는 서로 토론하고, 차를 마시고, 계산하고, PC로 논문을 쓰는 등 평소대로 지냈을 뿐이다. 나는 그분이 어디에 관심을 갖고 그리 오랜 시간 우리를 관찰했는지 물어봤다. 그러자 남성은 이렇게 말했다.

"저는 회계사 일을 합니다. 숫자를 매일 다루는데, 연구자들도 그런 것 같더군요. 어떤 식으로 숫자를 다루는지 계속 보게 되네요."

그러더니 이렇게 물었다.

"그런데 연구할 때는 왜 영어를 씁니까? 다들 일본인이신데요."

나는 이 방문객이 실로 과학의 입구에 들어섰다고 생각하면서 답했다.

"소립자 물리학은 전 세계에서 동시에 연구되고 있습니다. 이 순간에도 세상 어딘가에서 저와 같은 아이디어를 누군가 실험하고 있을지도 모르지요. 그런 물리학자들과 겨루려면 평소에 영어를 써야 합니다."

그러자 그분의 눈이 빛났다. "그렇군요, 그렇겠네요"라고 고개를 끄덕이더니 만족한 얼굴로 돌아갔다.

이 에피소드를 겪으며 분명하게 알았다. 과학을 사회에 널리 알리려면, 다시 말해 과학의 가치를 사회의 많은 사람에게 이해시키려면, 과학의 성과뿐만 아니라 우선 과학을 다루는 과학자의 존재를 세상에 알릴 필요가 있다는 점을 말이다.

노벨상을 받는 과학자만 과학자는 아니다. 국내의 소립자 물리학 연구자만 해도 천 명 넘게 활약하고 있다. 그런 사람들이 독자 여러분이 사는 동네에 산다. 모두 잠든 밤에도 소립자를 생각하며 지내고 있다. 그런 사실을 동물원 선보이듯 알려야 과학과 사회의 거리가 좁혀지리라 생각한다.

그 경험 이후로 나는 과학 작업을 최대한 외부에 보여주려고 노력했다. 내 연구 모습을 본 예술감독 마쓰오 메구미 씨가 "하시모토 선생님, 평소의 일상 그대로를 행위예술 무대에 올리면 어떨까요?"라는 제안을 주셨다. 나는 흔쾌히 받아들였고, 2018년 교토의 롬 시어터 무대에 올랐다. <Every day is a new beginning>이라고 제목 붙인 이 퍼포먼스는 다음 해 아트 이노베이션 국제 심포지엄에서 교토대학 총장상을 수상했다. 이 퍼포먼스의 음악은 야닉 씨가 맡았다.

사이언스를 바탕으로 픽션을 만들면 사람들에게 감동을 줄 수 있다. 픽션은 과학과 예술이 어우러진 것이며, 재밌고 엉뚱한 애브덕션에서 시작된다. 그 즐거움이 많은 사람을 과학의 입구로 한 발 가까이 이끈다.

이리하여, 물리학자인 나에게 SF는 역시 읽는 것이 아니라 쓰는 것이었다. 울트라맨이 도래한 세계도 함께 만들어나가면 된다.

내 연구실에서는 오늘도 "블랙홀은 엉망진창인 끈으로 이루어져 있다"거나 "시공간은 표면만으로 정해진다"거나 "가장 카오스적인 무언가가 우주를 지배한다"는 가설이 소립자론이라는 학문 아래 진지하게 연구되고 있다. SF와 현실 사이가 지금, 창조되는 중이다.

(2022년 6월)

행위 예술 무대 <Every day is a new beginning>의 한 장면.
무대 뒤편에 설치된 칠판에 내가 물리학 연구를 해나가는 동안
앞에서는 이에 호응한 신체 퍼포먼스가 펼쳐졌다.

한 글자의 가치

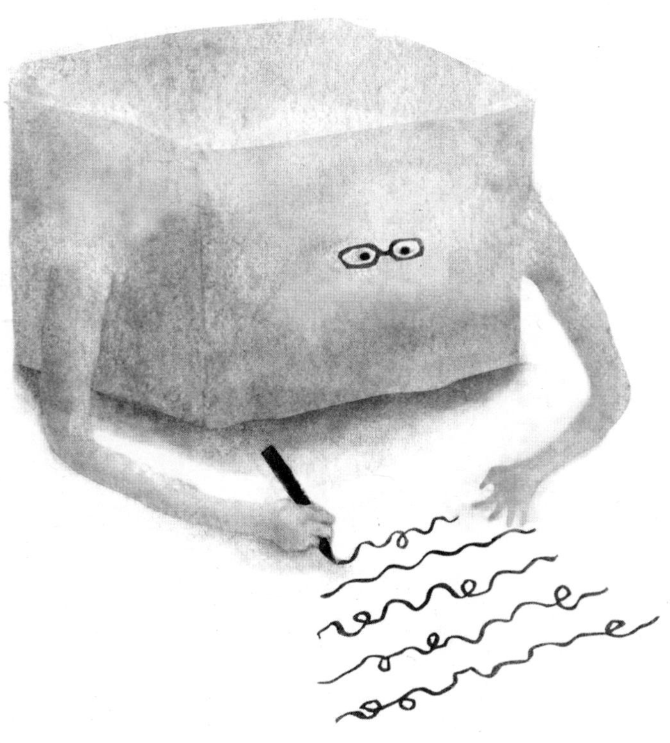

•

욕조에 들어앉아 느긋이 쉬던 어느 날, 문득 욕실 거울에 쓰인 글씨 같은 것을 발견했다. 김 서린 유리에 흐릿하게 나타나 있어 알아보기 어려웠는데, 오히려 그 때문에 더 읽고 싶은 마음이 솟구쳤다. 하지만 일부는 지워진 데다 흐려진 정도도 균일하지 않아 좀처럼 읽을 수가 없었다.

아마 초등학생 딸이 놀다가 손가락으로 뭔가를 쓰고 그린 것 같다. 목욕을 마치고 딸에게 물어보면 내용은 금방 알 수 있을 터였다. 하지만 읽을 수 있을 것 같은데 읽지 못하는 그 상황이 어쩐지 퀴즈 같아서 손쉽게 딸에게 묻는다는 건 자존심이 허락지 않았다. 나는 물리학자다. 퀴즈가 주어졌을 때 바로 해답 페이지를 펼치는 천성은 아닌 것이다. 오히려 반대로 행동한다. 욕실이라는 닫힌 환경에서 그것밖에 바라볼 곳이 없는 것처럼 설정된 이에게, 선택지는 퀴즈를 푸는 길밖에 없다.

'덧없는 글자'의 가치

나도 어릴 때는 목욕탕 거울에 자주 그림을 그렸다. 목욕탕 말고도 겨울에 결로(結露)가 생긴 창문을 찾아 집, 학교, 전철에서 낙서를 즐기곤 했다. 눈 내린 날, 아무도 밟지 않은 눈 위를 걸으며 흐뭇해하는 것처럼 물방울이 맺힌 표면을 보면 무조건 흔적을 남겼다. 왜 그랬을까?

생각건대 결로 위에 글자를 쓰는 이유는 일단 손가락으로 쓸 수 있다는 간편함도 있겠지만, 거기에 더해 글자가 덧없이 사라진다는 점이 재미있지 않았을까 싶다.

결로는 운명적으로 사라진다. 공기가 건조하거나 햇볕을 쬐면 물은 상전이(相轉移)를 일으켜 기체가 돼 증발해버리고, 반대로 결로가 계속되면 물방울이 커져서 이내 주르륵 흘러내리며 글자를 지워버린다.

결로는 끝내 덧없다.

한편으로, 인간이 쓰는 글자란 곧 정보다. 정보는 보통 다른 개인에게 전달하기 위해서, 기록을 남기기 위해서 존재한다. 그러니 정보는 존재 기간이 길수록 가치가 크다. 금방 사라져버리면 대단한 정보가 아닌 것이다.

글자는 뭔가를 사라지지 않게 한다는 점에서 덧없지 않다. 그런데도 결로 위에 쓰인 글자는 덧없다. 나는 그 어긋남을 즐긴 것 아닐까?

용어 해설

상전이(Phase Transition) | **대학교 물리 수준 용어**

액체인 물은 얼리면 고체(얼음)가 되고, 데우면 증발해 기체가 됩니다. 같은 물질인데도 온도나 밀도를 바꾸면 전혀 움직임이 다른 상태가 생겨납니다. 이 같은 상태를 '상(相 Phase)'이라 하고 기체, 액체, 고체의 상은 각각 기상, 액상, 고상이라고 부릅니다.

상이 바뀌는 것을 '상전이'라고 하는데, 예를 들어 물이 얼거나 끓거나 증발하는 것은 상전이의 일종입니다. 결로 또한 상전이의 결과이지요. 미시적 물질(가령 분자나 원자)은 상을 예측하기가 어려워서 중요한 물질과학의 한 분야로 자리 잡았습니다. 고상에도 여러 가지가 있는데, 우리에게 친숙한 물도 고상의 종류를 따지면 열 종류 이상이라고 알려져 있습니다.

+ 더 알고 싶은 분에게

관련 서적(일반용) : 《눈》 나카야 우키치로, 오재현 역, 지만지, 2018년 어긋남이란 정보의 기준이 흔들리는 때를 말한다. 기준이 흔들리는 틈새에서야말로 새로운 가치가 생겨날 수 있다. 얼마 안 가 사라지는 글자는 누군가가 우연히 볼지도 모르고, 혹은 아무도 못 볼 수 있다. 여기에 새로운 '가능성'이 존재한다. 우리 반의 한 아이가 그걸 봤다면? 지나가던 한 낯선 사람이 봤다면? 두 경우에 글자가 갖는 의미는 같을 리 없다. 정보의 지속 시간이 한정적이고, 바로 그렇기 때문에 그 정보가 색다른 가치를 가지게 된다. 이 무작위성과 덧없음이 즐거웠다.

결로 위의 글자는 길어야 대략 몇 시간밖에 남지 못하니 "덧없다"는 표현이 꼭 어울린다. 인간의 운동이나 인구 밀도를 생각할 때 몇 시간이면 사람 몇몇이 그 앞을 지나칠 가능성은 충분하다.

창문 결로 위에 쓰인 글자

한편 예를 들어, 뿌연 목욕탕 속에서 손을 빙빙 돌린다고 하자. 수증기로 글자 비슷한 자취가 남더라도 이는 일순간에 사라져버린다. 정보로서는 지속 시간이 너무 짧다. 다시 말해 지나치게 덧없어서 새로운 정보의 가치를 낳지 못한다.

가끔 <탐정 갈릴레오> 같은 드라마를 보면 허공 위에 수식을 써내려가는 과학자가 등장하곤 하는데, 이건 실제 이야기다. 내가 아는 물리학자 중에도 생각날 때마다 마치 보이지 않는 글자를 쓰는 듯한 행동을 하는 사람이 있다. 나도 그런지는 잘 모르겠지만, 그렇게 하는 물리학자를 적잖이 보았다. 물론 정보를 남기려거나 타인에게 전하려는 행동은 아니다. 쓰는 동작을 자신을 위해 반복함으로써 사고의 이치를 점검하려는 것뿐이다.

즉 목욕탕 수증기에는 정보를 남길 수 없고, 수증기에 쓰는 정보의 가치는 자기 뇌를 강화하는 학습 이상의 의미가 없다. 자기 생각을 정리하는 이상의 효과가 없다는 뜻이다. 이런 것은 정보가 아니다. 정보를 발신하기 이전 단계의 행위에 그친다.

목욕탕 거울에 쓰인 글자 정보, 그리고 수증기에 쓰려 했던 글자 정보의 차이가 가르쳐주는 것이 있다. '글자'라고 하는 시각 정보에는 '존속 시간'이라는 가치가 따라 붙는다는 점이다. 생각해보면, 인터넷과 SNS가 생겨나기 전에는 개인이 발신하는 정보가 크게 두 가지밖에 없었다. 오래 남는 '문자 정보'와 순간에 사라지는 '음성 정보'다. 이러한 역할 분담이 문자 정보에 '영구성'이라는 가치를 떠맡겼는지도 모른다.

목욕탕 거울에 쓴 글자는 그런 의미에서 특이한 별종이다. 나를 포함한 어린아이들이 거울에 글자 쓰는 데 그토록 열심이었던 이유도 어렵잖게 짐작할 수 있다.

내가 쓰는 한 글자의 가치는…

한 글자의 가치가 현저히 낮아진 세상이다. 인터넷 이전에 글자를 유통하는 데 들었던 돈과 노력을 떠올리면 글자 하나의 가치가 얼마나 떨어졌는지를 알 수 있다. 지금은 X(옛 트위터)의 타임라인만 봐도 개인이 내보내고 유통되는 문자 정보가 홍수처럼 넘쳤다 쓸려가는 현상을 관찰할 수 있다.

대학생 때의 나는 살면서 책 한 권만 쓸 수 있으면 소원이 없겠다고 생각했다. 책 한 권의 글자 수가 대략 10만 자라면, 인간의 생은 대략 3만 일이니까 평균적으로 하루 세 글자씩 써야 한다는 계산이다. '사람들이 볼 글을 매일 세 글자씩 쓴다니 어렵겠는걸. 죽기 전에 이룰 수나 있을까.' 그렇게 생각했다.

그런데 말이다. 지금도 이렇게 글을 쓰고 있는 나는 이 연재만 해도

3개월에 9천 자, 즉 하루에 100자나 써내고 있다. 글을 써서 남이 읽게 하는 일에 대한 심리적 장벽이 크게 낮아졌다는 뜻이다. 이유는 인터넷과 SNS 덕이다.

2000년 무렵부터 블로그를 시작했다. 블로그에 그때그때의 감상을 기록했고, 사람들은 그것을 읽어주었다. 개인이 내보내는 문자 정보의 가치가 내 안에서 크게 달라진 순간이었다. 2010년부터는 트위터를 쓰게 되면서 현재까지 2만 4천 개 트윗, 하루 평균 다섯 개의 글을 올린다. 하루에도 700자씩이나 불특정 다수에게 내 생각을 전하는 것이다. 나에게 한 글자의 가치가 두 자릿수, 세 자릿수나 줄어들어 버린 셈이다.

슬프지는 않다. 내가 쓴 한 글자의 가치가 세상의 변화에 따라 바뀌어도 된다고 생각한다. 물리학 연구 논문에 쓰는 글자의 가치와 일상에서 쓰는 글자의 가치를 구별하고 있기 때문이다.

과학자라면 논문을 써야 한다. 나는 20년쯤 물리학자로 살면서 간신히 100편 정도의 논문을 썼다. 내가 느끼는 논문 한 글자의 가치는 첫 번째 논문을 썼던 그날 이미 정해졌고, 그 가치는 지금도 떨어지지 않았다고 생각한다.

내 정체성이 되는 과학 논문에서 한 글자의 가치가 변치 않았기에 그 외의 상황에서 내가 내놓는 문자 정보가 다양한 형태로 퍼져가는 데에 개의치 않는다.

사는 동안 과학 논문을 얼마나 더 쓸 수 있을지, 그 점이 몹시 궁금할 따름이다. 많다고 좋은 것도 아니지만 적어서 좋을 일도 없다. 지금 페이스면 앞으로 100편은 더 즐겁게 써나갈 수 있을 것이다. 거기에 어떤 물리가 얼굴을 내밀지 나도 예상할 수 없지만 그저 기대가 된다. 이 마음은 앞으로 출판할 100편의 논문 속 한 글자의 가치도 변함없이 지키리라는 확신 위에 자라는 즐거움이다.

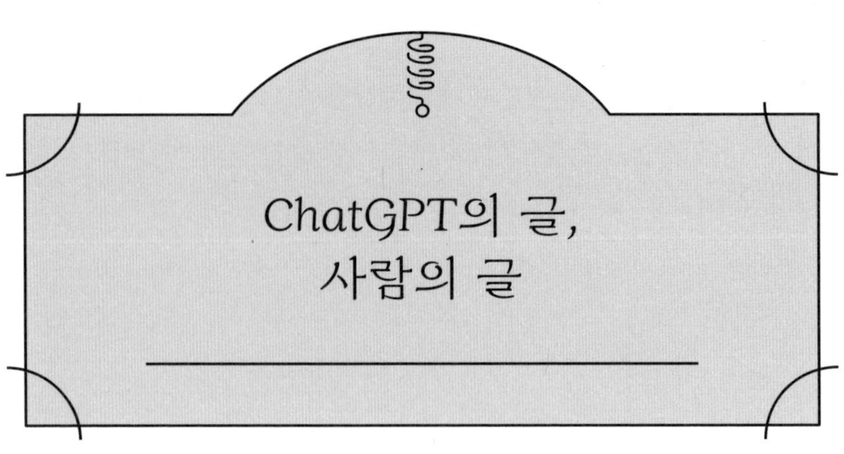

ChatGPT의 글, 사람의 글

생각건대, 과학 논문 속 글자의 가치는 마지막 보루다. 사실 최근 몇 년은 한 글자의 가치가 크게 바뀌는 역사적 전환기였다. 인공지능(AI)이 글을 쓰기 때문이다.

이미 뉴스 분야에서는 내보낼 기사를 다듬거나 눈길을 끄는 헤드라인을 생성하거나 외국어 뉴스를 번역하는 등 인간의 수고를 크게 덜어주는 인공지능이 등장했다. 인간이 아닌 기계가 생성한 문자를 인간이 즐긴다면, 과연 인간이 생성하는 문자의 가치는 앞으로 어떻게 될까.

인공지능은 현재로서는 고도의 통합 작업이 요구되는 문장을 만들거나 대화할 수는 없다고 말하고 싶지만, 2022년 말 등장한 ChatGPT라는 인공지능은 기계학습을 통한 수준 높은 언어 처리 능력으로 매우 자연스러운 대화를 한다. 마치 눈앞에 사람이 있는 것 같다. 대화 내용의 정확성은 아직 높지 않을 때가 있지만, 이미 고도의 통합 작업을 충분히 수행하고 있으며 인터넷에서 수집한 정보를 엮어 발언하면서 사람과 대화를 진행할 수 있다.

기계번역, 즉 AI를 이용한 자동 번역 기술도 고도로 발전해 복수의 언어를 사용하는 업계에 큰 영향을 미치고 있다. 물리학자는 영어로

용어 해설

기계학습(Machine Learning) | 고등학교 수준 용어

인공지능의 머릿속에서는 기계학습이 이루어집니다. 기계학습이란, 인간이 판단하던 것을 컴퓨터가 하도록 시키는 일입니다. 예를 들어 동물 사진을 보여주고 무슨 동물인지 답하게 했을 때의 능력은 이미 인간을 뛰어넘었습니다. 초고도의 실시간 판단력이 요구되는 자율주행 자동차도 실용화되고 있습니다. 기계학습을 번역에 사용하는 기계번역도 이미 많은 이들이 일상적으로 활용할 정도로 고도화되었습니다. 물리학 연구에도 기계학습을 이용하는 흐름이 2017년 무렵부터 시작되었으며, 가까운 미래에는 과학 연구에 기계학습이 일상적으로 쓰이게 될 것입니다.

+ 더 알고 싶은 분에게

관련 서적(일반용): 《自動人形の城(자동 인형의 성)》 川添愛(가와조에 아이) 저, 東京大学出版会, 2017

논문을 쓰는 것이 상식이라 대부분은 영어를 쓰고 말한다. 그럴 때의 학습 보조 도구로 기계번역을 쓰는 일이 늘고 있는 것 같다.

나는 논문을 쓸 때는 기계번역을 쓰지 않지만 추천서 작성엔 사용하기도 한다. 이전에 그 사람을 위해 영어로 추천서를 쓴 적이 있으면 기계번역으로 내용을 일본어로 바꾸는 것이다. 그리고 그 일본어 문장을 초안 삼아 가필, 수정해 추천서를 만들면 편리하다.

대개 국어를 영어로 바꿀 때 기계번역을 쓰지 않냐고 생각할 수도 있지만, 반대다. 내가 아는 영어 어휘가 국어보다 지극히 적기 때문에, 국어를 기계번역하면 스스로는 절대 만들어낼 수 없는 아름다운 영어 표현이 뜬다. 그런 문장은 나로선 구사할 수 없는 수준인 데다 뉘앙스가 달라도 내 영어 실력으로는 눈치채지 못하므로 매우 위험하다.

반대로, 영어를 국어로 바꿀 때는 안심할 수 있다. 영어로 쓰였던 내용이 기계번역을 통해 무난한 국어 문장들로 출력되면 번역이 잘못된 부분을 수정하고 뉘앙스를 더하면 된다. 이렇게 하면 최종적으로는 내 언어로 쓴 추천서가 완성되니 마음 놓을 수 있다.

결국 기계번역에 자신의 문장 번역을 모두 맡길 수는 없다. 그렇지만 예전에는 작문할 때 국어와 영어를 둘 다 써야 해서 글자 하나에 두 배의 힘이 들었다면, 기계번역으로 인해 그 부담이 두 배보다는 조금 덜해졌다고 할 수 있다.

AI가 쓸 수 없는 글자

얼마 전 연구실에서 기계번역에 관한 재미있는 토론이 벌어졌다. 박사 논문을 집필할 때 인공지능을 써도 되는지에 관한 찬반이었다. 원래 박사 논문은 자기 연구를 바탕으로 집필한다. 과학 논문에서 표절은 허용되지 않는다. 이미 출판된 글을 인용했음을 밝히지 않고 쓰면 표절이 된다. 그럼, 자신이 쓴 과거 논문의 내용을 인용하고 그 사실을 밝히지 않으면 표절일까?

'표절' 문제가 곳곳에서 터져 나오는 통에 이런 부질없는 논의를 해야 하는 현실이 슬프다. 타 논문과 문장 표현이 얼마나 비슷한지로 과학 논문의 가치를 정하는 건 난센스다. 규정된 표절 원칙을 엄격하게 적용하면 자신이 저자인 글조차 박사 논문에 실을 수 없게 될 우려가 있다.

이럴 때 기계번역으로 요령을 부리면 어떨까. 먼저 자신이 출판한 과거 영어 논문을 기계번역에 넣어 국어로 바꾼다. 그 문장을 다시 기계번역에 돌려 영어로 만든다. 그러면 원래 문장과는 표현이 약간 다른 문장이 생성된다. 이 방법을 쓰면 내용은 바꾸지 않고 표현만 변형할 수 있다.

예를 들어, 이 장의 첫 문장은 이렇다.

"욕조에 들어앉아 느긋이 쉬던 어느 날, 문득 욕실 거울에 쓰인 글씨 같은 것을 발견했다."

이를 영어로 기계번역한 뒤 다시 국어로 기계번역을 돌린다고 해보자. 그러면 결과는 이렇게 된다.

"목욕물 속에 앉아 시선을 돌렸는데, 거울에 글자 같은 것이 쓰여 있었다."

내용은 같은데 표현만 바뀌어 있음을 알 수 있다. 이렇게 문장 변환을 하면 과학 논문에서 자동으로 표절을 찾아내는 소프트웨어의 감시망을 벗어날 수 있다.

물론 농담이고, 실제로 저렇게 했다는 사람의 이야기는 들어본 적 없다. 그러나 이 방법이 시사하는 바만큼은 매우 흥미롭다. 기계번역은 공통된 문화 관념을 통해 이뤄지므로 그 언어만의 고유한 문화 배경은 변환 과정에서 빠져나간다. "욕조"와 "목욕물"이 같지 않음을 우리는 안다. 긍정적인 면을 본다면, 국어만의 뉘앙스를 제거해야 할 땐 이 방법을 쓸 수 있다.

나쓰메 소세키의 소설 《나는 고양이로소이다》를 영어로 번역했다가 다시 국어로 번역하면 "나는 고양이입니다"가 된다. 근대소설의 말투를 기계번역은 일순간에 지워버린다. 기계번역이 우리 자신이 쓴 글의 개성을 제거한다는 사실을 쉽게 알 수 있다.

뒤집어 말하면, AI가 수많은 글을 고도의 수준으로 작성한다고 해도 사람이 쓰는 한 글자의 가치는 줄어들지 않는다. AI는 개성 없는 글자들을 대량으로 적어낸다. 그러나 인간은 한 사람의 인생이 배어 있는 문장을 쓴다. 그러니 현재 인공지능이 아무리 뛰어난 기능을 갖췄다곤 하나 우리가 쓰는 한 글자의 가치는 그리 쉬이 떨어지지 않는다.

단 인공지능의 진화 속도로 볼 때, 이 생각도 3년 후에는 어떻게 달라질지 모르지만 말이다.

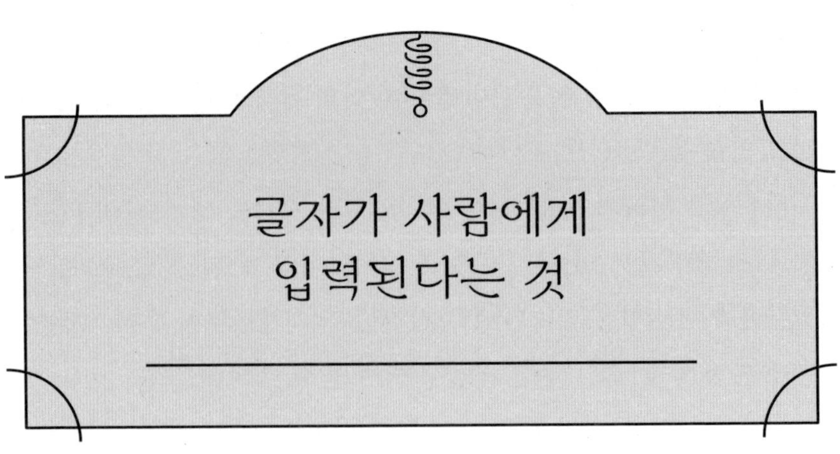

글자가 사람에게 입력된다는 것

사람도 결국은 눈으로 문자 정보를 입력하고 손으로 문자 정보를 출력하는 '상자'라고 할 수 있다. 지금까지 살아오면서 나는 몇 글자를 읽고, 몇 글자나 썼을까?

글자 수가 많다고 좋은 것은 아니다. 읽은 양에 비해 쓴 양이 많다고 해서 꼭 좋은 것도 아니다. 다만 사람이란 이렇게 글자를 출력하고 말을 뱉어내며 살고 있으니, 글자 수는 양적인 의미로 삶의 일부를 이룬다. 나는 삶의 평가에 관심이 있다.

인터넷이 없던 시절에는 자기 자신이라는 상자에 입력된 글자 수를 헤아리기 쉬웠다. 집에 있는 책이 몇 권이나 되는지, 매일 신문이나 잡지를 얼마나 읽는지를 정리하면 되니 말이다. 하지만 지금은 인터넷상에 대량의 문자 정보가 흐른다. 자신에게 입력되는 한 글자의 가치는 매우 낮아졌다. 자신이 출력하는 한 글자의 가치도 마찬가지로 낮아졌다고 한다면 입력과 출력의 비율은 예전에 비해 크게 달라지지 않았을지도 모른다.

물리학자가 쓴 논문을 살펴보면 입력과 출력의 비율을 가늠할 수 있다. 과학 논문에는 반드시 참고문헌 목록을 기재해야 한다. 참고문헌은 논문을 작성할 때 참고로 한 논문이다. 쉽게 말해, 저자는 그 논문들을 읽고 자신에게 입력한 다음 새 논문을 써서 출력한 셈이다.

내가 소속되어 있는 소립자론 학계의 경우, 참고문헌 목록에 오르는 논문 수는 대략 수십에서 백 정도다. 입력과 출력의 비율이 그 정도란 얘기가 된다. 나는 약 100편의 논문을 썼으니, 이 계산대로라면 인용한 논문 수는 대략 천 편을 훌쩍 뛰어넘을 것이다. 방대한 입력은 물리학자인 나에게 피가 되고 살이 되었다. 아니, 피와 살이 아니라 뇌 속 뉴런의 결합이 되었다.

입력량과 출력량의 비율이 중요한 것은 아니지만, 그 비율이 수십 대 1이라는 사실은 흥미롭다. 과학 활동을 할 때의 나는 입력한 양의 수십 분의 1을 출력하나 보다. 이 통계가 영구히 유효하다면, 입력을 줄일 때 출력도 줄어들 것이다. 즉, 논문 읽는 시간이 줄어들면 스스로 쓸 수 있는 논문의 수도 줄어든다.

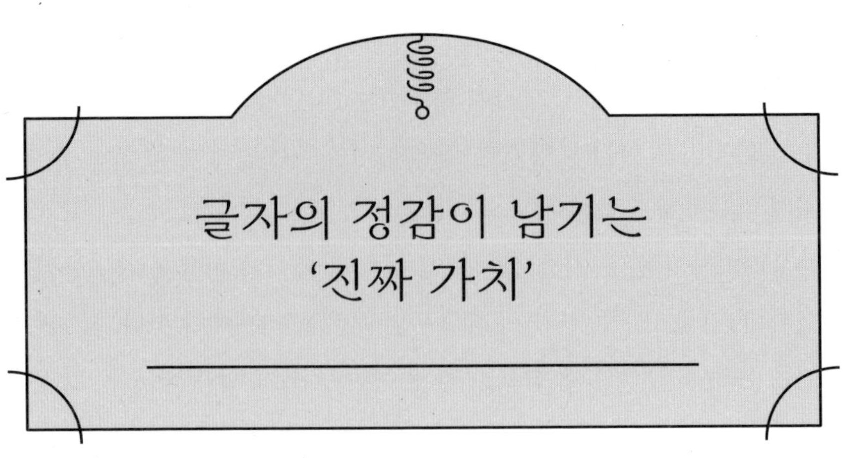

글자의 정감이 남기는 '진짜 가치'

당연한 말이지만, 논문의 가치는 글자 수와는 무관하다. 가치를 결정하는 건 논문 속 아이디어, 발견, 성과인데 그 모두가 논문이라는 문자 정보가 세상에 나온 시기에 크게 좌우된다. '타이밍'은 그 문자 정보의 가치를 결정하는 큰 요소다.

우리에게 입력되는 문자 정보도 입력 당시의 우리 자신의 뇌 상태에 따라 평가가 좌우되기도 한다. 또 한편으로는 수십 년 전 입력된 정보라도 새로운 의미가 발견된 덕에 재평가를 거쳐 사용되고 출력을 낳는 사례도 있다.

입력된 문자 정보를 평가하는 일은 출력된 경우보다 훨씬 복잡하다. 글자 수 같은 척도로는 측정할 수가 없다. 글자 하나의 가치는 예상할 수 없는 파장을 낳기 때문이다.

초등학생 딸이 목욕탕 거울에 남긴 글씨를 바라보다가, 문득 대학생이 된 큰딸이 어렸을 때 건네준 편지가 생각났다. 철자가 틀리기는 했어도 정성껏 적은 글이었다. 그 글자가 적힌 지 벌써 20년 가까운 시간이 흘렀고, 편지는 이제 남아 있지 않다. 그래도 아이의 글자에 깃든 정감만큼은 마음에 영원히 남아 있다.

내게 남은 글자의 정감은 분명 편지를 받았던 당시의 정감과는 다르다. 딸이 그 이후로 살아간 인생이 떠올라 겹쳐지며 전혀 다른 정감을 자아내고 있다. 글자에 인생이 겹칠 때, 글자는 힘을 갖는다.

욕실 거울의 글자는 덧없다. 그런데도 앞으로의 내 인생에서 아주 오래 계속될지도 모른다. 이 모순되는 가치가 바로 글자의 무서운 가능성이다.

거울에 뭐라고 썼는지 딸에게 물어보려고 슬슬 욕조를 나섰다.

(2023년 3월)

아침 식탁 위의 물리

•

우리 집 아침은 늘 빵과 커피에 과일, 요거트다. 아침 식사에도 물리학이 숨어 있는데 세상에 잘 알려져 있지 않으니 우리 집 밥상을 묘사해 물리학의 보편성을 독자 여러분에게 간접체험시켜 드리고자 한다.

애당초 물리학이란 모든 사물(物)이 어떤 이치(理)로 그렇게 움직이고 그런 모양을 띠는지를 탐구하는 학문이다. '모든'이라고 이름 붙인 한, 그 이치는 아침뿐 아니라 점심과 저녁 식사에도 필연적으로 나타나게 되어 있다. 물리학자임을 자부하는 나는 아침밥을 준비할 때마다 식탁 위의 물리학과 얼굴을 마주한다.

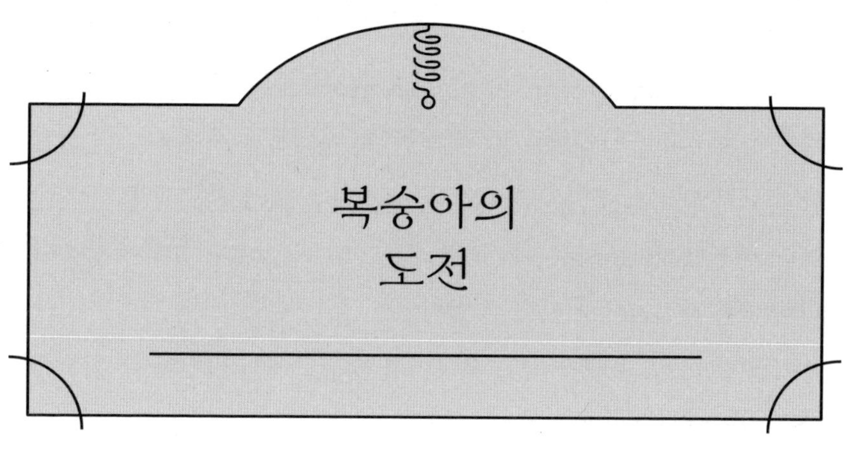

복숭아의 도전

오늘 아침 과일은 조금 호화스럽게 복숭아다. 복숭아는 도전이다. 왜냐하면 구(球)의 표면, 즉 2차원 구의 다면체 근사라는 문제에 직면하기 때문이다.

물리학은 근사(近似)를 다루는 학문이라고도 할 수 있다. 이 세상의 모든 물체에는 제각각의 형태가 있으며 그 형상은 실로 다채롭다. '3차원 공간 안의 콤팩트한 2차원 면 중에서 토폴로지가 구와 같은 표면'만 보더라도 그렇다. 일반적인 용어로 말하자면, '구멍이 없는 표면'으로만 한정해서 보더라도 그렇다. 주사위 같은 큐브부터 복숭아처럼 복잡하게 굽은 면들로 표면이 구성된 것까지 매우 다양하다.

큐브(정육면체)의 경우 한 변의 길이만 알면 공식으로 부피를 단번에 구할 수 있다. 그러나 형태가 복잡하면 그렇게 되지 않는다. 부피를 모르면 무게를 추정할 수 없고, 무게를 모르면 어느 정도의 힘을 가해야 그것이 움직일지도 알 수 없다. 즉 물리학을 적용하는 데 필요한 정보가 갖춰지지 않는다. 따라서 물리학을 쓰려면 '근사'를 거쳐야 한다. 예컨대, 복숭아를 구와 비슷하다고 보는 것이다. 그러면 복숭아의 부피를 순식간에 계산할 수 있다.

어느 날 아침, 아내가 사온 복숭아를 냉장고에서 발견한 나는 혼자 미소 지었다.

용어 해설

토폴로지(Topology 위상) | 대학교 수학·물리 수준 용어

토폴로지는 수학 용어로서 '연결 방식이 변하지 않는 한 같은 것으로 본다'는 사고방식입니다. 예를 들어, 도넛의 표면과 손잡이 달린 머그컵의 표면은 둘 다 구멍이 하나 있는 표면이므로 "토폴로지가 같다"고 합니다. 복잡한 형태의 대상이더라도 일단 토폴로지로 분류하면 연구의 길이 열립니다. 물리학에서도 다양한 물질과 수학 표현에서 토폴로지가 큰 힘을 발휘합니다. 2016년 노벨 물리학상은 물질이 비자명한(Non- trivial) 토폴로지로 특징지어질 수 있다는 발견에 수여되었습니다.

+ 더 알고 싶은 분에게

관련 서적(중고등학생 이상용) : 《A Topological Picturebook(위상학 그림책)》 George K. Francis(조지 K 프랜시스), Springer, 2006

구로 근사하면 반지름(r)이 약 3센티미터 복숭아니까 부피가 약 100세제곱센티미터이고(∵구의 부피 = 4/3 π × r^3), 거의 수분으로 이뤄져 있으니 무게는 대략 100그램이다. 살짝 들어봤다. '흠, 이게 100그램인가? 내 감과 다르네.'

다음 순간, 나는 복숭아로부터 한 가지 도전을 받았다.

복숭아 자르기가 매우 까다롭다는 사실이 떠오른 것이다.

칼만 댄다고 해서 다가 아니다. 우리 집에는 늘 배고픈 아이가 둘 있으니, 아내와 나까지 더하면 총 네 명이다. 과일처럼 모두가 좋아하는 식품은 부피를 균등하게 배분하지 않으면 불평이 나오기 마련이다. 그 말은 곧, 이 문제가 수학 문제로 격상된다는 의미다.

'복숭아를 4등분하라.'

복숭아가 어려운 이유는 사실 토폴로지적으로 사과나 배와 다르기 때문이다. 토폴로지란 '주물주물해서 같아지면 같은 형태라고 봅니다'식의 매우 대강인 근사를 말한다. 아까 "주사위와 복숭아는 토폴로지가 같다"라고 한 것은 바로 그런 의미다. "그럼 복숭아나 사과나 배나 다 마찬가지 아니야?"라고 의문을 제기할 독자가 있을 수도 있다. 그런데 아니다. 표면은 같아 보여도 복숭아는 안쪽에 단단하고 큰 씨앗이 있다. 이 점을 포함할 때, 복숭아는 토폴로지가 다르다. 바깥쪽 구면 외에도 안쪽 구면, 즉 씨를 덮는 구면이 존재하는 것이다.

사과는 씨가 너무 작아서 칼질할 때 신경 쓸 필요가 없다. 따라서 4등분 하기가 매우 쉽다. 먼저 구의 적도 면(가장 넓은 원이 생기는 단면)에서 한 번 자르고 그것을 다시 원래 적도 면과 직각을 이루는 면에서 자르면 된다(사과를 구면으로 근사하고 있으므로 사과의 회전대칭축에 대해서는 고려하지 않는 것으로 하자).

그런데 복숭아는 그렇게 되지 않는다. 가운데 있는 딱딱한 씨를 피해서 칼질해야 하므로 적도 면에서 곧장 자를 수가 없다. 게다가 나는 씨만 남게끔 깔끔히 자르고 싶다. 복숭아는 비싸니까……. 최대한 과육의 낭비를 줄이고 싶다. 여기서 수학적인 문제가 발생한다.

씨에 닿지 않도록 칼을 넣기 시작한다. 칼은 똑바로밖에 들어가지 않으니, 이상적인 방법은 씨가 닿는 면에서 자르는 것이다. 씨와 칼이 멀어지면 버리는 부분이 많아진다. 그러므로 칼은 반드시 씨앗에 접하는 평면, 즉 접면 위에서 움직여야 한다.

복숭아를 다 자르려면 몇 개의 접면을 더 골라야 한다. 최종 목표는 복숭아를 4등분 하는 것이니까 가급적 좌우 대칭의 접면을 고른다. 정확히 말하면, 복숭아를 '4회 회전 대칭'(네 번 회전시키면 제자리로 돌아오는 회전. 90도씩 돌려도 모양이 같음)이 되는 접면에서 자른다. 그리하면 복숭아는 저절로 4등분이 될 것이다.

씨를 고려하며 조심조심 칼을 넣는다. 씨에 아슬아슬하게 닿는 평면을 탐색하는 데 성공한다. 히죽 웃음이 난다.

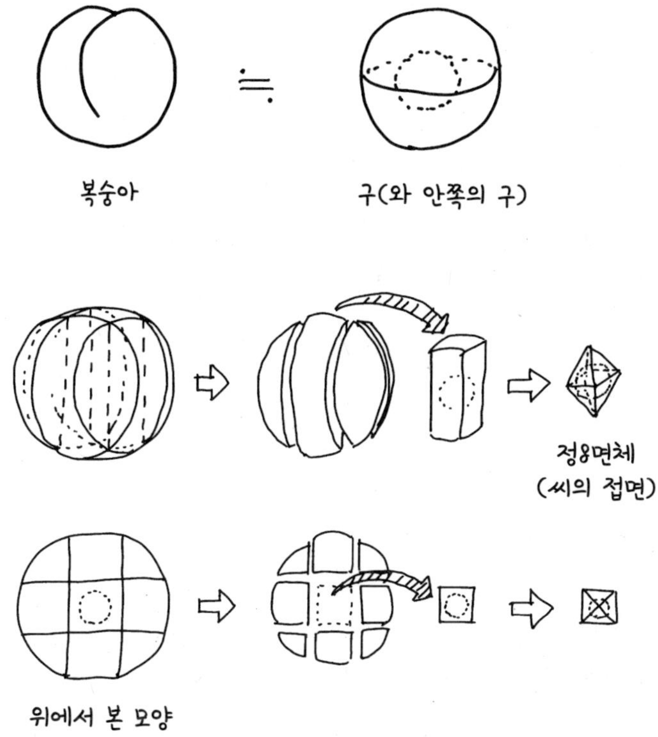

복숭아를 구라고 가정하여 4회 회전 대칭인 평면에서 절단하는 모습

과육을 공평하게 나누는 법

네 개의 접면을 만들어냈을 때, 문득 깨달았다.

'아, 이건 구를 다면체로 근사하는 방법이잖아?'

과육이 최대한 남지 않도록 씨 주변을 잘라가다 보면, 최종적으로는 평면으로 구성된 각진 물체가 나온다. 속은 아슬아슬하게 씨로 꽉 차 있지만 표면은 다면체인 조각이다.

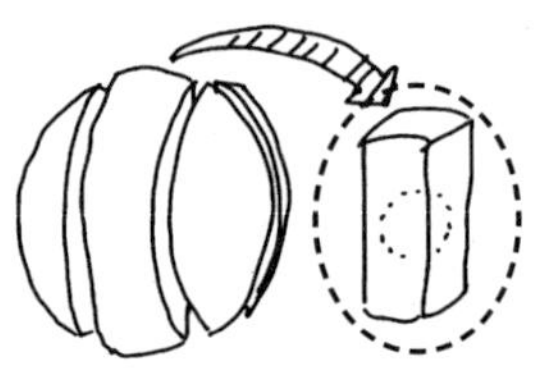

씨로 꽉 찬 다면체 조각

고대부터 사람들은 원을 다각형으로 근사하는 방법을 모색해왔다. 고대 바빌로니아에서는 원에 접하는 정육각형의 둘레를 이용해 원주(원 둘레)를 근사했고, 그 값이 원주율 π의 근사값으로 쓰였다고 한다. 에도시대 수학자인 무라마쓰 시게키요(村松茂清, 1608~1695)는 무려 정 32768각형의 둘레를 계산해 원주율의 소수점 아래 일곱 자리까지 구했다. 변의 수가 많으면 많을수록 다각형은 원에 가까워져 근사의 정확도가 올라간다. 이를 '연속 극한'이라고 부른다. 이번의 복숭아는 원이 아니라 구이기 때문에 더욱 고도의 문제임은 의심할 여지가 없다.

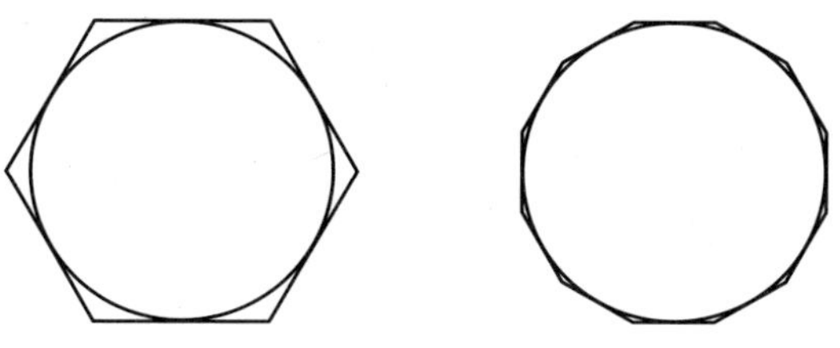

다각형 변의 수가 많을수록 원에 가까워진다.

쉽게 복숭아씨의 표면을 구면이라고 가정하면 이 조각을 대칭이 되도록 예쁘게 자르는 법은 정다면체(149쪽 용어 해설 참조)로 만들기일 것이다.

정다면체란 한 종류의 정다각형을 조합해 만든 다면체로, 정다각형은 변의 길이가 같은 다각형을 말한다. 나의 목적은 복숭아를 똑같이 나누는 것이므로 대칭성이 높아야 한다.

정다면체는 다섯 종류밖에 존재하지 않는다는 사실이 생각나자 살짝 흥분이 됐다. 다섯 종류 중 4회 회전 대칭성을 가진 것은 정육면체와 정팔면체밖에 없다. 면이 많은 쪽이 구를 더 잘 근사할 수 있다. 다시 말해, 씨 옆에 남는 과육이 적어진다는 뜻이다. 따라서 내가 노려야 할 접면 선택법은 '정팔면체가 되도록 자르는 것'이다!

드디어 해결책에 도달한 나는 승리의 주먹을 불끈 쥐고 이내 신중하게 식칼을 갖다 댔다.

그야말로 아름다운 정팔면체 씨가 발라졌다. 접면의 대칭성이 높다.

용어 해설

연속 극한(Continuum Limit) | 고등학교 수학, 대학교 물리 수준 용어

곡선이나 곡면으로 구성된 대상의 성질을 계산으로 파악하려 할 때, 계산하기 쉬운 직선적인 형태로 근사를 합니다. 이런 수학을 '이산(離散) 기하학'이라고 부릅니다. 예를 들어, 전광판은 언뜻 그림이나 글자를 그대로 보여주는 것 같지만 실은 작은 화소들의 집합체입니다. 다시 말해 작은 직선적 구성물이 아주아주 작아지면 대상을 매끄럽게 표현할 수 있는 것이지요. 이러한 조작을 '연속 극한'이라 부릅니다.
소립자 물리학에서는 공간마저도 잘게 나눠 격자로 만들어 계산하고, 그다음에 칸의 크기를 점점 줄이는 연속 극한의 과정을 쓴답니다.

+ 더 알고 싶은 분에게

관련 서적(일반용): 《円周率を計算した男(원주율을 계산한 남자)》 鳴海風(나루미 후우) 저, 新人物往来社, 2009

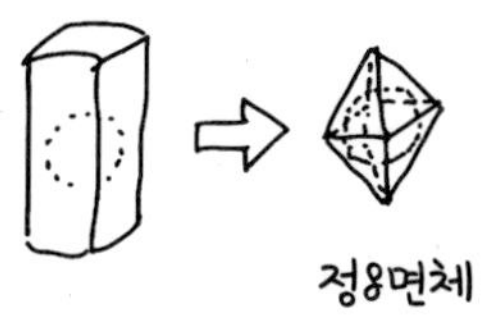

과육을 가장 낭비 없이 자르는 법

이제 과육은 4등분되는 게 당연하다. 수학적으로 그렇다는 증명이 있으니, 실제로도 그렇게 되어야 한다.

그런데 접시에 나눠 담으려니 아무래도 크기가 같아 보이질 않는다. 아…… 복숭아는 완전한 구가 아니구나. 표면에 울퉁불퉁한 데도 있고, 씨가 중심축에서 살짝 어긋나 있어. 비대칭성이 크구나.

눈앞에는 누가 봐도 식구끼리 쟁취 다툼을 벌일 듯한 접시 네 장이 나란히 놓여 있었다.

어쩔 수 없어 아내에게 상의했다.

“똑같이 나눈다고 하긴 했는데, 이걸로는 싸움 나겠어.”

그러자 아내가 답했다.

“칼 줘 봐. 복숭아를 잘게 썰어야지. 이렇게 해서 요거트에 다 섞으면 똑같이 나눌 수 있잖아.”

나는 경악했다. 아내는 에도시대 무라마쓰 시게키요처럼 연속 극한을 취한 것이다.

이렇게 해서 오늘도 평화로운 아침밥이 마련되었다.

찹쌀떡과 정다면체

어느 날 아침 식탁에 진귀한 음식이 올라와 있었다. 찹쌀을 잎에 말아서 찐 '치마키' 떡이었다. "어제 역 앞에서 사 왔어"라고 아내가 말했다. 아이들은 좋아하며 떡에서 눈을 떼지 못한다. 삼각 치마키는 넓적한 조릿대잎으로 쌌고, 조릿대잎이 풀어지지 않도록 굵은 면사로 하나하나 묶은 상태였다.

나비매듭으로 묶인 실을 푸느라 딸아이가 끙끙댄다. 묶은 상태로 쪄서인지 단단해진 매듭이 풀리질 않았다. 아무리 끝을 잡아당겨도 안 된다. 잠시 씨름하던 딸아이는 심통을 부렸다. 하긴 그럴 거다. 이렇게 맛있는 게 눈앞에 있는데 기술 부족으로 먹을 수 없으니.

내 앞에도 똑같은 떡이 놓여 있다. 나는 알아챘다. 이건 도전이란 사실을.

실을 가위로 자르기는 쉽다. 하지만 주방 가위를 가지러 가기는 귀찮다. 무엇보다, 가족의 시선이 나를 향하고 있다. '물리학자인 아버지는 이 사태를 어떻게 타개할 것인가?'라는 표정이다.

나는 묵상에 들어갔다. 그래, 치마키는 정사면체 모양이야. 왜 정사면체여야 하는지에 대한 고찰은 식사 뒤 여흥으로 남겨두고. 일단, 치마키 한 개를 정사면체로 근사한다고 하자.

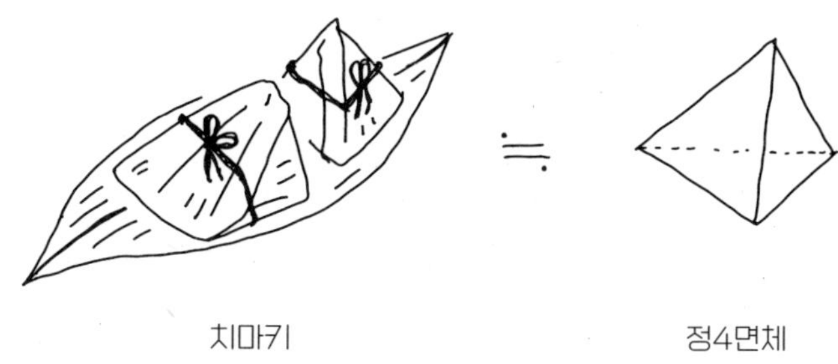

치마키 정4면체

치마키를 묶은 실은 예쁜 모양새를 위함인지 구조의 안정성을 위한 것인지 정확히 각 변의 중점을 지나는 것처럼 보인다.

'중점을 연결하는 선의 길이를 구하라'는 문제는 중학교 입시에 자주 등장하지. 실은 늘어나지 않고 길이가 일정하니, 실을 빼내려면 그보다 더 둘레가 짧은 절단면을 찾으면 된다. 결국 이건 다음과 같은 수학 문제다.

"정사면체를 모든 면을 통과하도록 절단할 때, 그 절단면 둘레의 최소값을 구하라."

답은 알고 있다. 눈앞에 치마키를 감고 있는 실의 배치가 최소값을 보여주고 있으니. 만약 그렇지 않았다면 느슨해서 실이 빠져버렸을 것이다.

또한 만약 이 배치가 단 하나의 유일한 해라면 실을 빼낼 방법은 없다. 지금이 가장 짧은 둘레라서 실을 늘리지 않고는 움직일 수 없기 때문이다. 하지만 난 알았다. 이것은 유일한 해가 아니다. 길이 변동 없이 실을 옮기는 것이 가능하다. 정사면체의 한 변과 평행한 채로 실을 균등하게 살짝씩 옮겨가는, 다시 말해 평행 이동시키는 방법이다.

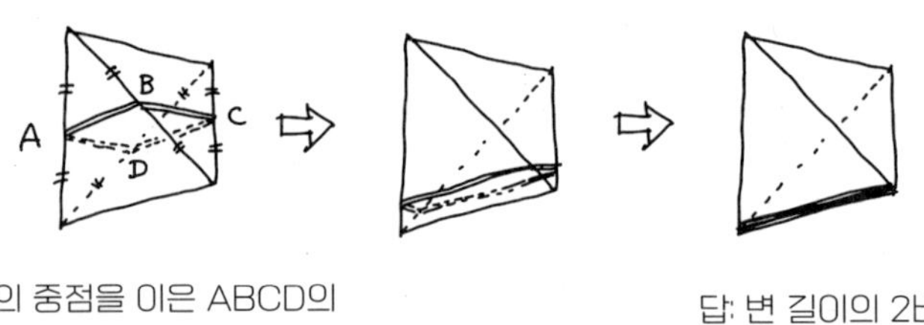

변의 중점을 이은 ABCD의 길이를 구하라

답: 변 길이의 2배

내 머릿속에서는 실을 움직여도 실의 길이가 변하지 않는다는 증명이 돌아가고 있었다. 정사면체의 전개도를 그리면 쉽게 알 수 있는데, 독자 여러분을 위해 숙제로 남겨둔다.

이상의 고찰을 20초 만에 끝낸 나는 딸아이가 바라보는 가운데, 치마키의 실을 살살 내려 멋들어지게 빼냈다. 그리고 안에 든 찹쌀떡을 입안 가득 채웠다. 아이들의 박수 소리를 들으면서.

용어 해설

정다면체 | 초등학교 산수 수준 용어

정다각형을 조합해서 생기는 다면체를 '정다면체'라고 부릅니다. 일상적으로 가장 흔히 볼 수 있는 정다면체는 큐브(정육면체)일 것입니다. 큐브를 여러 개 쌓아 올리면 공간을 빈틈없이 채울 수 있습니다. 이처럼 공간을 다면체들로 잘게 나누는 방법을 '단체 분할'이라고 부릅니다. 공간을 단체 분할하고, 그 다면체들의 변의 길이를 늘렸다 줄였다 하면 마치 공간이 춤을 추듯 변형되지요. 이 방법은 구부러진 시공간을 나타내는 아인슈타인의 상대성 이론을 계산할 때 사용됩니다.

+ 더 알고 싶은 분에게

관련 서적(중고등학생 이상용): 《多面体百科(다면체백과)》 宮崎興二(미야자키 고지) 저, 丸善出版, 2016

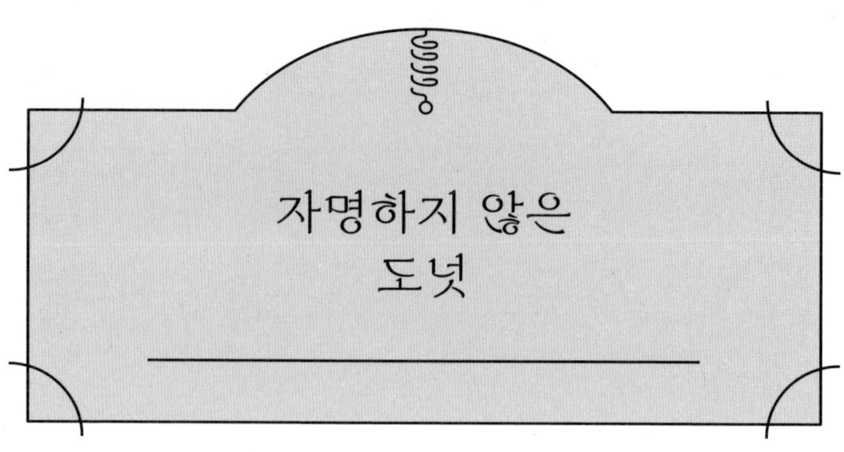

자명하지 않은 도넛

가끔은 과일 말고 달콤한 뭔가가 식탁에 올라가면 좋겠다 싶어서 도넛 가게에 들렀다. 들어가자마자 내 시선은 한 도넛에 꽂혔다.

'비자명(非自明)한 토폴로지를 가진 도넛이 있어!'

도넛이라 하면 구멍 난 고리 모양을 떠올리지만, 실제 가게에는 구멍 없는 도넛도 판다. 아무래도 도넛의 정의는 구멍과는 무관한 것 같다. 그럼에도 나는 도넛의 토폴로지를 말할 때 줄곧 구멍이 있는지 없는지만 떠올렸는데, 그날 마주한 '신종 도넛'은 뜻밖의 사실을 깨닫게 해주었다.

'도넛을 끈이 묶인 걸로도 볼 수 있잖아?'

고리 모양 도넛을 극한까지 가늘게 하면 '닫힌 끈(양끝이 서로 붙은 끈)'과 같다고 볼 수 있다. 원형 고무줄도 마찬가지다. 이때 닫힌 끈에는 여러 가지 얽힘 방식이 존재한다는 점에 주의하자. 일반 고무줄 형태(자명한 매듭 Trivial Knot)뿐 아니라 어떻게 해도 풀리지 않는 형태(비자명한 매듭 Non-trivial Knot)도 있다. 이러한 얽힘을 분류하는 것이 수학의 '매듭 이론(Knot Theory)'이다.

내가 매장에서 본 도넛은 비자명한 매듭 중에서도 '세잎매듭(Trefoil Knot)'에 해당했다. 비자명 매듭 중 가장 단순한 형태로서, 얽힌 방식에 따라 오른손형과 왼손형으로 나뉜다. 문제의 도넛은 오른손형이었다.

세잎매듭 모양 도넛

왼손형 세잎매듭

오른손형 세잎매듭

오른손형과 왼손형은 서로를 거울에 비춘 모양새다. 참고로 현대에 알려진 소립자, 즉 우주의 전부를 구성하는 최소 구성물 중에는 오른손형과 왼손형으로 나뉘는 것이 있다. 매듭이 이 우주를 구성하는 물리학과 연관될 가능성이 존재한다는 뜻이다.

실제로 19세기 영국의 물리학자 켈빈 경(Lord Kelvin, 1824~1907)은 원자를 일종의 소용돌이라고 보고 소용돌이의 매듭 형태가 원자의 종류를 결정한다고 제창한 적도 있다. 그러한 설은 이후 다양한 실험 끝에 기각되긴 했으나, 여전히 흥미로운 이야기다. 최근에도 소립자 물리학과 매듭을 관련시킨 연구가 활발하게 이루어지고 있다.

세상에, 비자명 매듭을 먹을 수 있는 시대가 올 줄이야. 나는 허둥지둥 도넛을 사들여 내일 아침의 즐거움으로 남겨두었다.

하지만 도저히 다음 날까지 기다릴 수가 없었다. 그 도넛 정말로 세잎매듭일까? 어쩌면 겉만 그렇게 보이고 속은 매듭이 아닌 거 아니야?

도넛 상자를 꺼내 열어보니, 벌써 누군가의 손을 탄 상태다. 도넛이 하나밖에 남지 않은 것이다. 식구들에게 물으니 "꽤 맛있더라"라고 한다. 아니야, 그게 아냐! 맛이 문제가 아닌데!

나는 하나 남은 비자명 도넛을 접시에 올려놓고 빙그르르 돌려가며 살펴보았다. 휙 뒤집어 보니 도넛 반죽을 접합한 부위가 보인다. 처음부터 이 모양째로 반죽하긴 어렵다. 어딘가에 접합 부위가 있을 거라고 예상은 했다.

접합 부위를 신중하게 절단한다. 그리고 도넛을 풀어본다. 확실히 끊김 없이 이어진 하나의 끈이란 사실을 확인할 수 있었다. 그렇다면 분명 세잎매듭 도넛이 맞다.

나는 매듭이 풀려 접시 밖으로 삐져나온 긴 도넛을 빙빙 돌려가며 관찰했다. 정신을 차려 보니 아내의 차가운 눈초리가 나를 노려보고 있다.

"당신, 도넛을 대체 어떻게 먹는 거야?"

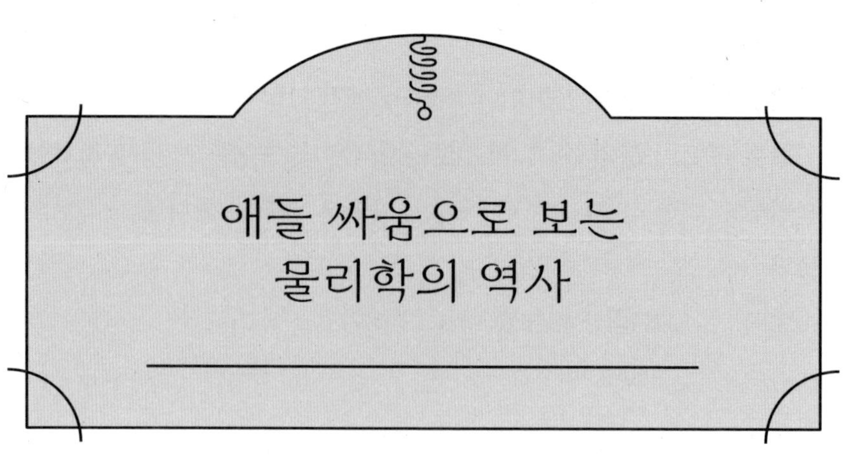

애들 싸움으로 보는 물리학의 역사

그토록 신중하게 나눈 복숭아 밥상을 앞에 두고 두 아이는 괜한 싸움을 하고 있다. 두 장씩 담고 남은 햄이 누구의 차지인지를 놓고 입씨름이 벌어진 것이다. “난 키가 크니까 열량이 더 필요해.” “어제는 내가 한 장 더 적게 먹었잖아.” 논리에 논리가 더해져 결판이 날 것 같지 않다.

신경 써서 차린 맛난 복숭아 요거트는 두 사람 앞에 덩그러니 놓여 있다.

나는 아내와 눈빛을 주고받으며 쿡 웃었다. 공평하게 물건을 나누기 위한 인류의 노력은 앞으로도 계속될 것이다. 아마도 인류가 존재하는 한 영원히.

나로서는 온갖 물리학과 토폴로지를 동원해 아침밥 문제에 도전했지만 물리학으로 구한 답은 오늘 아침 아이들의 싸움을 멈출 수 없다.

이 얼마나 허무한가, 만능이어야 할 물리학이여.

물리학은 인류에게 만능의 효능감을 가져다주는 학문이다. 소립자 물리학은 마침내 우주를 구성하는 17종의 소립자를 밝혀내기에 이르렀다. 세상에는 현대 물리학의 결정체인 스마트폰이 생필품으로 군림하고 있다. 인류의 생활은 말 그대로 물리학의 성과 위에서 굴러간다.

어째서 만물의 이치를 파헤치는 학문은 이렇게까지 발전하게 된 것일까?

그 이유는 아이들에게 복숭아를 공평하게 나눠주려는 부모의 마음에 숨어 있는지도 모른다. 아이들이 싸우는 것은 생존 본능 때문이다. 자기가 먹을 것을 최대한 확보하려는 생물의 본능이 싸움을 낳는 것이다. 기원전 1만 년 무렵부터 사회화된 생활을 영위한 인류는 개인 간 사소한 다툼은 가능한 한 피하고, 그 시간을 공동체를 위협하는 대상에 맞설 대책과 사회 운영에 쏟는 것이 얼마나 중요한지 깨달았다.

개인 간에 다툼이 일어나지 않게 하려면 평등과 형평성이 필요하다. 수학은 먼저 '수'라는 개념을 바탕으로 나눗셈을 정의하고, 누가 계산해도 답이 같아지는 논리를 구축했다. 산수의 기준이 되는 '등호'는 바로 '아이1의 몫' = '아이2의 몫'을 보장하기 위해 발달했다고 생각해도 무리는 아닐 것이다.

산수에 본질적으로 필요한 이 '수'라는 개념은 눈앞의 식량이 얼마나 되는지 파악하는 데 필요했다. 가족이 몇 명인가? 복숭아가 몇 개 있는가? 그 복숭아로 가족이 며칠 동안 먹고살 수 있는가? 이런 동기에서 시작되었을 '수' 개념의 획득은 세상의 모든 것은 '셀 수 있다'라는 생각에 바탕한다.

물리학에서 사물을 '셀 수 있다'는 것은 당연한 사실이 아니다. 예를 들어, 소립자 중 빛의 소립자(광자)는 다른 소립자에 곧바로 흡수되므로 셀 수 없다. 반면, 전자(그리고 전자가 속한 '렙톤'이라 불리는 소립자 종류)는 셀 수 있다. 셀 수 있는지 아닌지는 어느 한순간에 세고 몇 초 후 다시 셌을 때 같은 수여야 한다는 전제가 있다는 데 주의하자. 즉, "셀 수 있다"고 말하려면 수가 보존되어야 하는 것이다. 보존의 법칙 즉 '보존칙'은 물리학에서 가장 기본이 되는 개념이다. 예를 들어 에너지를 수량으로 다룰 수 있는 이유는 에너지 보존의 법칙이 물리학에 존재하기 때문이다.

이처럼 셀 수 있는지 없는지는 태곳적 인류가 도전하고 획득한 개념이지만, 현대 물리학에도 이어져 우주의 법칙으로 연구되고 있는 대상이다.

아이들이 아침밥을 놓고 벌이는 싸움이 영구적으로 계속되는 한 물리학은 얼마든지 더 진전될 수 있을 것 같다. 이렇게 생각하면 시시한 싸움도 흐뭇하기만 하다.

내일 아침 식사도 물리학을 발휘해 도전이다!

(2021년 12월)

출퇴근의 물리

•

버스 정류장에서 버스를 기다리고 있었다. 시간표에 적힌 시각보다 벌써 8분이나 늦었다. 짜증이 났다. 버스가 대략 10분 간격으로 있으니 다음 버스가 와도 올 만한 시간이었다. 스마트폰 앱을 확인했다. 잠시 후 한참이나 늦게 버스가 도착했다. 나는 그 버스를 보내고 다음 버스를 탔다. 그리고 득의만만한 웃음을 지었다. 짜증이 시원하게 날아갔다.

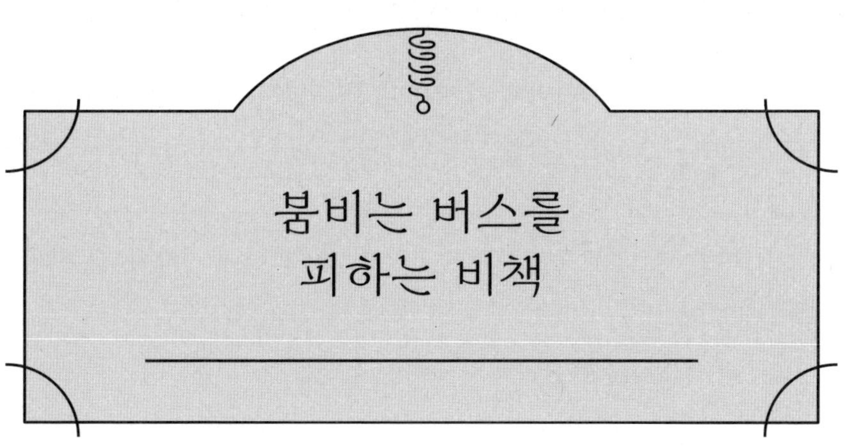

붐비는 버스를 피하는 비책

내가 스마트폰으로 확인한 앱은 '포켓로케'라는 앱으로, 현재 자신이 서 있는 정류장을 기준으로 버스가 어디까지 와 있는지를 알 수 있는 앱이다. 포켓로케를 보니 곧 도착할 버스는 바로 전 정류장에 도착해 있었다. 하지만 중요한 것은 내 예상이 맞는지 확인하는 일이었다. 나는 그다음 버스가 분명히 쫓아오고 있을 것으로 예상했다. 과연 그랬다. 포켓로케에 다음 버스가 바로 뒤따라오는 모습이 떠 있었다.

원래 시간보다 늦게 도착한 버스는 예상대로 매우 붐볐다. 앉기는 커녕 설 자리도 없어 보였다. 하지만 바로 뒤이어 온 버스는 거의 텅텅 빈 상태였다. 이 역시 예상대로다. 유유히 올라타고는 좌석에 앉아 노트북을 펼쳤다. 그리고 데라다 도라히코의 수필 <전철의 혼잡에 관하여>를 검색해 읽기 시작했다.

그렇다. 이 예상은 나의 것이 아니다. 1922년에 데라다 도라히코(寺田寅彦, 1878~1935)가 예상한 내용이다. 데라다는 지구 물리학자인데 일상과 물리학을 잇는 주옥같은 수필을 다수 남긴 것으로도 유명하다. 그중에서도 내가 좋아하는 글은 <전철의 혼잡에 관하여>라는 제목의 글이다.

데라다의 고찰을 간단하게 요약하면 이렇다.

어떤 버스가 출발이 조금 늦어졌다. 그 버스는 예정 시간보다 정류장에 늦게 도착한다. 정류장에서 기다리는 사람 수는 버스가 지연됨에 따라 평소보다 조금씩 늘어난다. 사람들이 타고 내리는 데 평소보다 시간이 걸리고 버스 출발은 더 늦어진다. 그러면 그다음 정류장 도착은 또다시 늦어진다. 기다리는 인원은 더 늘어나고, 그 때문에 버스 출발은 또 늦어진다……. 이렇게 해서 버스는 갈수록 더 혼잡해진다.

한편, 이 버스 뒤에 오는 버스를 생각해보자. 앞에 간 버스가 늦었으므로 버스 간의 도착 시간 간격은 짧아진다. 그러면 버스를 기다리는 사람 수도 적어진다. 이 버스의 혼잡도는 줄어든다. 앞의 버스가 늦으면 늦을수록 평상시대로 운행하는 다음 버스는 점점 널널해진다.

독자 여러분도 한 번쯤은 놀란 적이 있을 것이다. 버스를 타고 가다가 뒤를 보니 같은 목적지로 가는 버스가 바로 뒤에 바짝 붙어 있는 현상 때문에 말이다. 게다가 그럴 때는 꼭 내가 탄 버스만 붐빈다. 이런 현상은 데라다의 고찰로 간명하게 설명할 수 있다.

時 分	南行	五分間車數	北行	五分間車數
7 55		0	時 分 秒 7 55 40 ○ 58 18 ○	2
8 0		0	8 0 0 △ 2 31 × 3 43 ○	3
5	時 分 秒 8 6 43 ◎ 8 16 ○ 8 54 △ 9 27 ×	4	7 23 ○ 9 50 △	2
10	12 35 ×	1	12 32 ×	1
15	15 43 △ 16 19 × 16 31 ×× 17 24 × 18 55 ×	5	19 34 ○	1
20	22 0 × 23 15 × 24 35 ×	3	20 52 × 21 48 ×× 23 28 ×	3
25	29 30 △	1	27 18 ○ 28 28 ×× 29 21 ○	3
30	30 23 × 32 45 × 34 33 △	3	33 44 ×	1
35	36 36 ○ 37 31 × 38 22 ×	3	38 34 △ 39 5 ××	2
40	五分間平均 2.2		平均 2.0	

데라다 도라히코가 조사한 노면 전차의 시각과 혼잡도.
◎는 매우 혼잡함, ×는 한산함을 나타낸다.

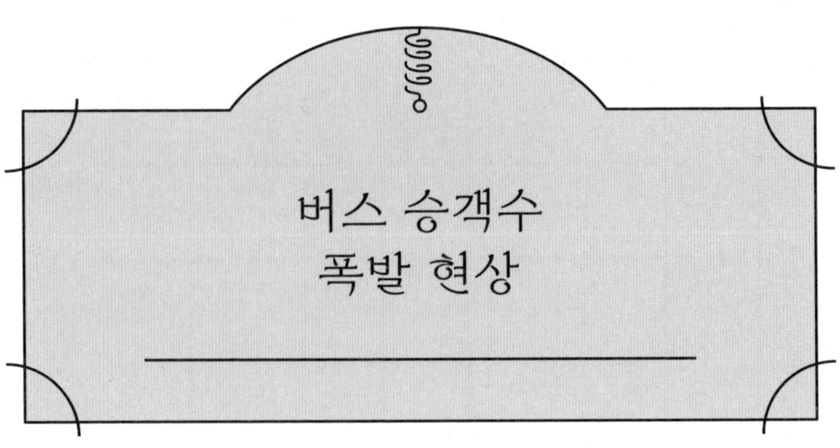

버스 승객수 폭발 현상

데라다는 자신의 가설을 확인하기 위해 어느 날 밤, 도쿄 시영 전철의 진보쵸(神保町) 정류장 근처에 섰다. 손에는 회중시계를 들고 정류장에 들어오는 노면 전차의 시각과 혼잡도를 눈대중으로 기록했다. 이 데이터는 수필에 그대로 게재되어 있다(161쪽 표).

그는 자신의 가설대로 흘러간다는 사실을 발견했다. 추리소설도 울고 갈 긴장감 넘치는 수필 아닌가!

지금은 데라다가 버스를 기다릴 적보다 훨씬 편리한 시대다. 가설을 검증하려면 스마트폰을 열기만 하면 된다. 가령, 도쿄도 교통국의 도영 버스 운행 정보 사이트를 열면 현재 버스의 위치가 일목요연하게 나오는데, 행선지가 같은 버스들이 매우 촘촘한 간격으로 움직이고 있음을 알 수 있다. 그래서 나는 '아하! 앞에 도착하는 버스는 너무 붐비겠구나'라고 예상하며 혼자 빙글거릴 수 있는 것이다.

데라다는 수필에 그에 관한 물리 법칙까지 써두었다.

"가장 단순하고 이상적인 경우라면, 승객수는 정차 횟수에 따라 '거듭제곱'으로 증가한다."

이 문장을 조금 더 풀어보자. 내가 탄 버스가 지연되기 시작했고, 정류장에 멈출 때마다 승객이 일정 비율로 증가한다고 가정한다. 쉽게 두 배씩 증가한다고 하면 다음과 같다.

승객수 = 1(나 혼자일 때)

× 2(첫 번째 정거장)

× 2(두 번째 정거장)

× 2 × … = 2^n(n번째 정거장)

정류장이 n개라면, 두 배 증가가 n번 반복되어 승객은 2^n명이 된다. 즉, 정차할 때마다 승객이 두 배 또 그 두 배로 늘어나며 폭증한다는 것을 데라다는 말하고 있다.

이 "두 배 또 그 두 배"로 늘어나는 지점이 무섭다. 가령 2의 33제곱은 85억 정도가 되니까 버스 정류장을 33번 지나면 승객은 세계 인구수를 넘어선다. 이런 함수를 '지수함수'라 부른다. 물론 현실적으로는 어느 정도 버스가 꽉 차면 사람들이 더 타지 못할 것이므로 만원 버스는 더 이상 승객을 늘리지 않고 출발한다.

지수함수적인 증대는 물리적인 시스템에 불안정성이 있을 때 나타난다고 알려져 있다. 유명한 예가 바로 원자폭탄이다.

불안정한 우라늄 핵이 분열할 때 생기는 여러 개의 중성자가 주변의 다른 우라늄 핵 분열을 유도함으로써, 하나의 핵분열이 두 개 이상의 다음 핵분열을 낳는다. 이렇게 배의 배로 핵분열 수가 커지는 과정에서 거대한 폭발이 생기는 것이다. 이러한 원자력 에너지가 완전히 안정적으로 통제되기 어렵다는 사실은 후쿠시마 제1원자력 발전소 사고가 여실히 보여준다.

지수함수적 증대는 신종 코로나 바이러스의 감염 확산 추세를 파악하기 위한 지표로도 뉴스에 등장했다. '한 사람의 감염자가 주변의

용어 해설

지수함수(Exponential Function) | 대학교 물리 수준 용어

함수란, a라는 수를 입력했을 때 b라는 수가 출력되는, 그런 프로그램 같은 것입니다. 물리학에서 자주 쓰이는 함수로는 삼각함수와 지수함수 등이 있습니다. 삼각함수는 사인이나 코사인을 말하고 출력되는 숫자가 -1에서 1 사이에 한정되지만, 지수함수는 폭발적이라 한도 없이 커집니다. 진동하거나 폭발하는 함수를 통해 다양한 현상을 표현하는 것이 물리학이라고도 할 수 있지요.

+ 더 알고 싶은 분에게

관련 서적(일반용): 《関数とはなんだろう(함수란 뭘까)》 山根英司(야마네 히데시) 저, 講談社, 2008

몇 명에게 코로나를 옮길까?' 하는 수를 실질감염재생산지수라고 부른다. 이 값이 2라면, 두 배의 두 배가 이어지는 지수함수가 되므로 감염자 수는 폭발적으로 늘어나게 된다.

승객수에 관한 데라다의 법칙은 지수함수를 예측하고 있으며, 지수함수는 폭발적이다. 폭발의 메커니즘은 단순하고, 폭발 현상은 되돌릴 수 없다. 그런 점에서 데라다가 예측하는 현상은 상당히 현실성이 있다고 생각된다. 나는 늘 '버스 승객수 폭발 현상'을 기대하며 버스를 타고 있다.

버스를 그냥 보내려 하면 친절한 분이 "안 타시나요?" 하고 물어볼 때가 있다. 나는 가볍게 고개를 숙이며 뒤에 선 급한 사람들에게 길을 양보한다. 다음 버스는 텅 비어 있을 텐데, 생각하면서.

★ 데라다 도라히코의 노면전차 시각 정리의 증명

- n번째 정류소의 발차 지연 시간을 t_n이라 한다. ($t_n>0$)
- 단순화를 위해 모든 정류소에 매초 일정 인원수의 승객이 온다고 한다.
- 정류소 시각표의 시각 간격을 T라 한다. ($T>0$)
- 각 정류소에서 전차에 타는 데는 매초 $\bar{\mu}$의 인원수 속도라고 한다.

이때 $t_n=0$ 이면 다 타는 데 걸리는 시간을 $\bar{T}$라 하여

$T\mu = \bar{T}\bar{\mu}$이 성립한다.

$t_n>0$이라 하면, t_n만큼 발차가 늦은 전차에 타는 데 걸리는 시간은

$(T+t_n)\mu \cdot \frac{1}{\bar{\mu}} - \bar{T}$ 만큼 더 걸린다.

그만큼 출발이 늦어지므로

앞 정류소에서 늦어진 데 더해진다.

거리

시각

$\therefore (T+t_n)\frac{\mu}{\bar{\mu}} - \bar{T} = t_n - t_{n-1}$

$\therefore\ t_n = \frac{\bar{\mu}}{\bar{\mu}-\mu} t_{n-1}$

이는 등비급수이며 일반 해는

$t_n = \left(\frac{\bar{\mu}}{\bar{\mu}-\mu}\right)^n t_0$ ($t_0(>0)$: 초기 지연 오차)

주1) 일반적으로는 공비 $\frac{\bar{\mu}}{\bar{\mu}-\mu} > 1$ 이므로 지수 증대

주2) μ=2명/분, $\bar{\mu}$=20명/분 으로 잡으면 공비 ~ 1.1

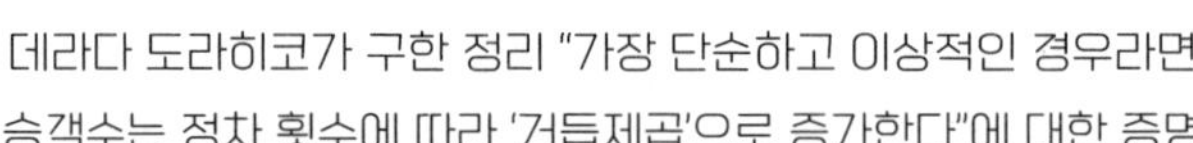

데라다 도라히코가 구한 정리 "가장 단순하고 이상적인 경우라면 승객수는 정차 횟수에 따라 '거듭제곱'으로 증가한다"에 대한 증명

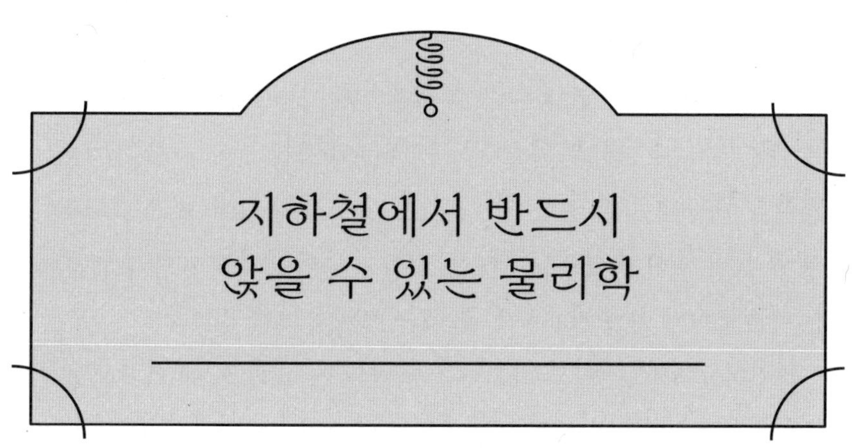

지하철에서 반드시 앉을 수 있는 물리학

자, 다음은 전철을 타보자.

출퇴근에 매일 왕복 4시간을 소비하는 한 사람으로서 전철 내 좌석 확보는 매우 중대한 일이다. 앉기만 하면 노트북을 열어 일을 할 수 있다. '10분 일찍 출근하기'와 '앉아서 정시에 출근하기' 중에서 고르라고 한다면 후자를 고르겠다.

물리학의 기본 과정은 '현상 관측' → '법칙 추출' → '이유 고찰과 가설 만들기' → '공식화를 통한 예언' → '실험으로 확인'이다. 우주, 소립자, 물질 같은 물리학의 통상적인 대상이 아니어도 이 사고법을 응용해 성과를 얻을 수 있는 분야는 무궁무진하다. 나는 전철에 적용하면서 매일 4시간이나 되는 통근을 즐기고 있다.

먼저 현상 관측에 관하여. 내가 타는 시간대는 앉기는커녕 서서 책을 펴기도 힘들 정도로 붐빈다. 우선은 전철이 역에 정차해 있는 동안 맨 앞칸부터 맨 뒤칸을 관찰한다. 이때는 승강장 끝에 서서 들어오는 열차를 관찰하면 좋다. 스마트폰으로 동영상을 찍어 느리게 재생하면 몇 호차가 가장 붐비는지를 바로 알 수 있다. 이 잠깐의 수고만 해도 다음부터는 가장 한산한 칸에 여유 있게 올라탈 수 있다.

하지만 그런다고 앉을 자리가 확보되는 건 아니다. 왜 차량이 붐비는지를 알기 위해 그 전철의 출발역부터 종착역까지 요금을 내고 한 바퀴 쭉 타본다. 그러면 어느 역부터 붐비기 시작한다거나, 고등학생들이 대거 하차하는 특정 칸이 있다거나 하는 특이한 현상이 보인다. 몇몇 전철에서 관찰을 진행하면 똑같은 현상이 관측되는 전철과 그렇지 않은 전철이 존재한다. 그리고 평일에는 거의 매일 그런 현상이 일어난다는 사실도 확인할 수 있다.

이렇게 현상의 법칙성이 추출되면 이유를 찬찬히 헤아려본다.

한꺼번에 특정 역에서 내리는 고등학생들은 당연히 등교 시간에 맞춰 통학하는 것이다. 학교가 역 북쪽에 있다면, 역의 북쪽 출구에 가까운 칸은 등교 시간에 가까울수록 학생들로 가득 차게 된다.

또 열차가 특정 역에서 갑자기 붐비기 시작하는 이유는 그 역에 연결된 다른 노선에서 갈아타는 승객이 유입되기 때문이다. 그럼, 연결 전철과 이쪽 전철의 시간 간격에 따라 얼마나 많은 사람이 쏟아져 들어오는지가 결정될 것이다. 열차 2량분의 승객이 쏟아지느냐, 1량분만 오느냐는 상당히 큰 차이다.

환승역에 연결된 전철의 시간표를 확인하면 승객의 증감이 정말로 연동되는지 확인할 수 있다.

이렇게 이유를 추측했으면, 법칙을 공식으로 만들고 예언하는 단계까지 나아갈 수 있다.

내가 만든 '만원 전철 고교생 정리'는 이렇다. "○○역에서 7시 ××분에 출발하는 전철의 2호차 두 번째 문 근처 좌석 앞에 서 있으면 반드시 앉을 수 있다. 단, 그 고등학교가 휴일이 아닌 날에만 그렇다."

그리고 나의 '만원 전철 연결 정리'에 따르면 "○○역에서 7시 ××분과 8시 ××분에 출발하는 특급은 크게 붐비지 않으며, 다른 시각의 특급은 붐빈다."

시간표나 고등학교의 위치를 인터넷 검색하여 쉽게 공식을 만들 수 있는 이 정리들은 전국적으로 응용할 수 있다. 앞서 언급한 구체적인 시각은 나의 통근 경로에 맞춘 예언이다.

이렇게 만든 '만원 전철 정리'의 예언에 따랐을 때 실제로 여유롭게 앉을 수 있는지를 실험으로 검증해보았다. 결과는 물론, 앉을 수 있었다. 자리에 앉을 때마다 나는 올라가는 입꼬리를 감추고 컴퓨터를 열어 일을 한다.

이 원고도 통근 전철 안에서 쓰고 있다. 통근 전철 안에서 통근 전철에 관해 쓰다니, 이보다 이치에 맞을 수 있을까. 내 정리의 증명은 바로 지금 당신이 읽고 있는 이 원고가 존재한다는 사실로 충분하다.

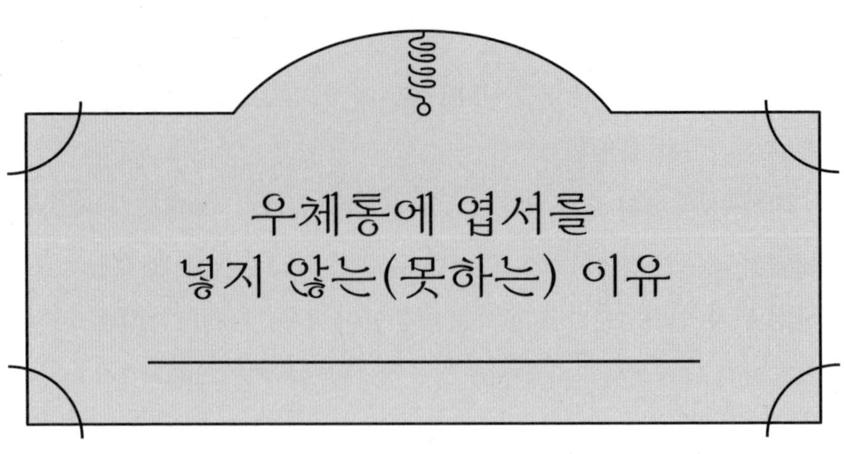

우체통에 엽서를 넣지 않는(못하는) 이유

출퇴근 길에는 도보 구간도 있다. 그러고 보니 어느 순간부터 아내는 내게 우편물을 우체통에 넣어달라는 부탁을 하지 않는다. "역으로 가는 길에 넣어줘, 꼭!" 이렇게 아침에 아무리 신신당부해도 저녁에 귀가하면 엽서가 가방에 그대로 들어 있기 때문이다.

한때는 "또 잊어버릴지도 모르니까 그냥 손에 들고 가"라고도 했다. 좋은 생각인데 싶어 부탁받은 엽서를 오른손에 들고 집을 나섰다. 우체통은 집 앞 오솔길로 들어가 도보로 3분만 가면 있다. 물론 지극히 눈에 잘 띄는 빨간색 통이다.

자신만만하게 집을 나왔건만, 내 손에 엽서가 들려 있음을 깨달은 시점은 15분이나 걸어가 역 개찰구에서 가방에 든 정기권을 꺼낼 때였다. '아차, 또 까먹었어!'

이런 일이 전부터 너무 빈번했기에 아내는 이제 우편물 부탁을 하지 않는다. 내가 "이 엽서, 나가는 김에 우체통에 넣을까?"라고 물어도 "그러겠다고 하고 한 번도 넣은 적이 없잖아. 놔둬요"라는 답이 돌아온다.

나도 그러고 싶어서 그러는 게 아니다. 그저 나의 '도보 사고법'이 극한까지 완성되었기 때문이다.

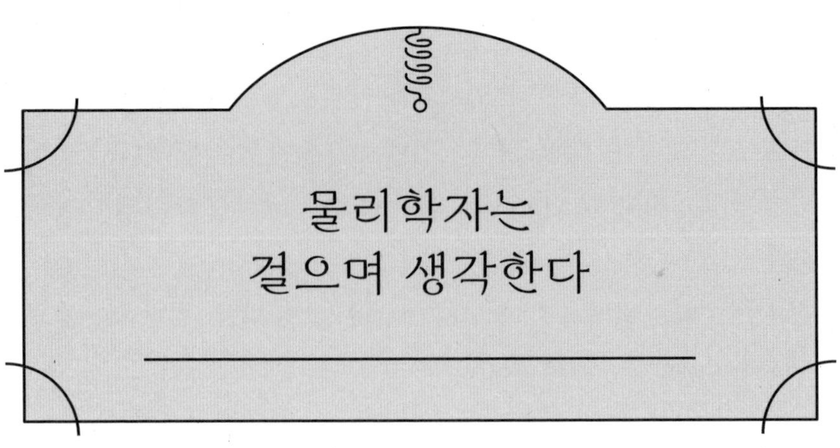

물리학자는 걸으며 생각한다

걷기는 물리학 연구에 반드시 필요하다.

내가 직업으로 삼고 있는 이론 물리학은 이론으로 세상의 현상을 해명하는 학문이다. 흥미로운 물리 현상이 있을 때 그 현상을 설명하는 가설을 고안하는 과정이 가장 스릴 넘친다.

처음 떠올린 가설은 논리가 매우 엉성한 경우가 많다. 막연하게 상황을 가정하거나 특수 상황에서만 성립할 논리를 적용하기도 한다. 그래서 거친 논리를 정교하게 다듬는 작업이 필요한데, 이 시간이 아주 오래 걸린다. 노트에 수식을 쓰고, 그 수식을 이리저리 손보다 보면 문제점이 분명해진다. 문제를 피하기 위한 가정을 명료히 하고 일일이 검토해봐야 한다.

오랜 시간 책상에 앉아 계산에 몰두하다 10~20페이지 정도 나아갔을 때, '아 진짜 모르겠다' 싶은 순간이 온다. 그때가 걸어야 할 때다.

여기서 말하는 걷기는 산책을 위한 걷기가 아니다. 출퇴근 때의 걷기를 말한다. 아침에 집을 나와 가까운 역까지 15분 걸어가는, 그 걷기다. 매일 안심하고 걸어다니는 길을 걷는다. 집을 나서는 순간 머릿속에 묻어둔 '문제'가 눈앞에 나타나 이내 깊은 사색에 접어든다.

그 계산 어디서 실수를 했나? 혹시 설정 자체에 오류가 있었나? 중간에 도입한 근사법 적용에 문제가 있는 건 아닐까? 애초에 이 계산 자체가 잘못됐다면? 가정이 틀린 건 아닐까?

계산과 논리가 하나하나 떠올라 확인되거나 뒤집힌다. 역에 도착할 무렵이면 그다음 생각의 실마리가 보이기도 한다.

이렇게 나의 물리학 연구에는 걷기가 절대적으로 필요하다.

이 도보 시간이 너무도 중요하기 때문에 걸음을 떼자마자 곧바로 사고에 빠져들 수 있도록 만반의 준비를 해뒀다. 이름하여 '도보 사고법'이다.

첫째, 걷는 길은 매일 같은 길이라야 한다. 다른 길에선 새로운 풍경 정보가 눈에 들어와 사고에 방해가 된다.

둘째, 길은 가급적 인적이 드물고 신호등도 없으며 자전거도 다니지 않아야 좋다. 생각에 빠져 걷다가 다치는 일은 피하고 싶으니까 말이다.

셋째, 안경을 벗는다. 나는 근시라서 안경을 벗으면 세세한 시각 정보가 뇌에 들어오지 않는다. 길에 무엇이 떨어져 있는지 자세히 알 필요는 사고에 요구되지 않으니까. 안경을 벗는 대신 이어폰을 꽂는다. 음악은 틀지 않는다. 이어폰은 주변 잡음을 막아주는 단순 귀마개 대용이다. 다만 귀마개를 하고 걸으면 이상하게 보일 테니 귀마개 대신 이어폰을 꽂고 음악을 듣는 척하는 것이다.

나는 30년 전 대학시절에 이 기술을 익혔다. 그때는 스스로 물리학을 개척하는 단계가 아니라 그저 교과서를 읽어내는 수준이었다. 통학하면서 교과서를 읽으려면 어떻게 해야 할지를 생각한 끝에 얻은 결론이 도보 사고법이었다.

물론 친구들로부터 곧잘 야유가 쏟아졌다. "걸으면서 교과서를 읽는다고? 네가 니노미야 긴지로◑냐?" 하고 말이다. 걸으면서 책을 읽으면 바로 옆에 노트를 펼쳐놓고 계산을 따라해볼 수 없다. 계산을 확인할 수 없는 것이다. 하지만 적어도, 교과서에 전개된 논리를 따라가지 못할 때 그 부분을 눈앞에 떠올리며 천천히 걷다 보면 이해되는 경우가 많았다.

게다가 이 기술은 꼼꼼히 사전준비를 해두면 누구나 쉽게 실천할 수 있다. 걸을 때 생각하기 좋은 사고 과제를 준비하고 걸을 환경을 조성하는 것, 그뿐이다.

얼마 전 블랙홀 연구로 유명한 스탠퍼드 대학의 물리학자 레너드 서스킨드(Leonard Susskind, 1940~)의 인터뷰를 읽었는데, 그도 늘 걸으면서 생각한다는 얘기가 실려 있었다. 그러니까 도보 사고법을 시도하는 건 나만이 아닌 모양이다.

도보 사고법의 유일한 문제점은 우체통에 엽서를 넣을 수 없다는 것이다.

◑ 에도시대 후기의 경세가로, 면학의 상징으로 일컬어지는 인물. 나무 등짐을 잔뜩 진 채 책을 읽으며 걷는 모습으로 자주 묘사된다.

용어 해설

블랙홀(Black Hole) | 대학교 물리 수준 용어

블랙홀이란, 중력이 너무 강해서 빛조차도 거기서 빠져나올 수 없는 영역을 말합니다. 말 그대로 공간의 '구멍'이라 할 수 있습니다. 많은 물질이 한곳에 집중되면 그 자체의 무게로 인해 블랙홀이 생겨난다고 여겨집니다. 유명한 물리학자 스티븐 호킹(Stephen Hawking, 1942~2018)은 '블랙홀에 빨려 들어간 물질이 가지고 있던 정보는 어디로 가는 걸까?'라는 문제를 제기했습니다. 이 문제를 해결할 수 있는 물리학적 구조가 현재 연구되고 있습니다.

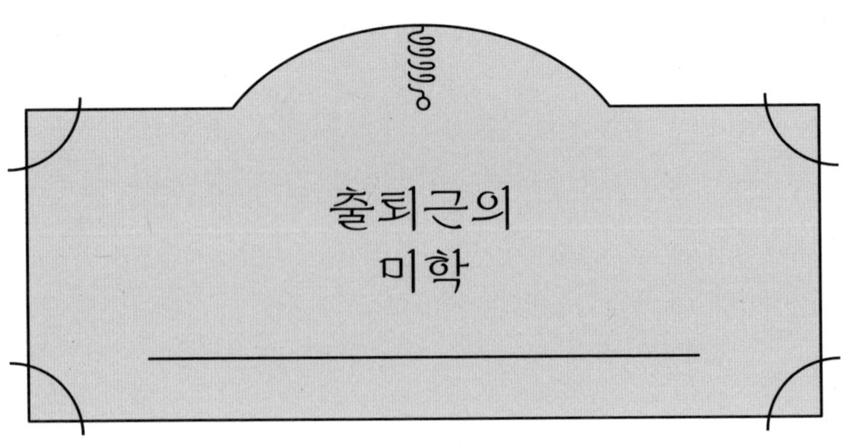

출퇴근의 미학

가끔 "이론 물리학자는 종이와 펜만 있으면 어디서나 연구할 수 있겠네요?"라는 질문을 들을 때가 있다. 물론 틀린 말은 아니다. 하지만 정말 어디서든 할 수 있는가 하면, 그렇지 않다. 예컨대 집에서 갓난아기가 내내 우는 옆에서는 연구 같은 걸 할 수 없다. 출퇴근 때에도 대도시 환승역의 엄청난 인파에 떠밀려 내려가면서는 생각할 여유가 없다. 그래서 가능한 한 매일의 출퇴근 환경을 나 자신 맞춤으로 조정해서 '안심하고 연구하기'라는 내가 원하는 방식을 지켜나가고 있다.

그러니 출퇴근은 중요하다. 이를 출퇴근의 독학, 아니 출퇴근의 미학이라 불러도 좋다. 엽서는 출근길이 아니어도 우체국에 따로 가서 부치면 된다.

생각해보자. 자신이 얼마나 많은 시간을 통근 이동에 할애하는지를. 나의 경우 고등학교에 전철로 통학했던 시점부터 지금까지 약 34년간, 그중 근무지 바로 옆에 살았던 10년 정도를 제외해도 하루 평균 2시간은 출퇴근에 썼다. 즉 모두 합쳐 1만 시간이 넘는다. 살면서 의식이 있었던 시간이 대략 30만 시간이니까, 그중 30분의 1을 차지한다. 무시무시하게 높은 비율이다. 그리고 이 비율은 당분간 줄어들 기미가 보이지 않는다.

출퇴근 시간이 나만 이렇게 길지는 않을 것이다. 도시에 사는 사람이라면 대개 이 정도 비율의 시간을 순전히 몸의 이동에 소비하고 있다. 그 시간을 보내는 방식은 천차만별일 터. 통근 전철 안에서 주변 사람들을 둘러보면 절반 이상이 스마트폰을 들여다보고 있다. 나머지는 앉아서 자거나 서서 잔다(여기서 '잔다'는 것은 의식이 깨어 있는 정도가 매우 낮다는 뜻으로 해두자). 잠깐 눈을 붙이고 몸을 쉬게 하는 것이 목적이라면 성공이라고 할 수 있다. 그러나 원치 않게 스마트폰에 시간을 빼앗기고 있는 거라면, 인생의 30분의 1을 거기에 소비하기는 안타까운 일이다.

출퇴근길에 느끼는 나의 은밀한 행복을 여기 상세히 기술한 것은, 이 글을 읽어주시는 여러분에게도 출퇴근 시간이 즐거워지는 계기가 되길 바라는 마음에서다. 단, 전 국민이 나의 정리를 이용하게 되면 증명에 사용한 가정이 깨져서 정리를 쓸 수 없게 되므로 너무 소문내진 말아주시길 부탁드린다. 정리에는 반드시 적용을 위한 가정이 존재하니까 말이다. 가정은 정리를 만들어낸 사람이 깊이 고민한 문구이기도 하다. 그러니 우리끼리의 비밀을 부디 신중히 지켜주시기를.

(2022년 3월)

시간이 흐르는 감각의 즐거움

✳

•

시간의 흐름이란 참으로 기묘하다. 내가 살아온 시간도 곧 반세기를 맞이한다. 반세기라고 하면 굉장히 나이 든 것 같지만, 16억 초로 환산하면 그리 많은 나이도 아닌 것 같다.

시간 감각, 특히 시간의 흐름은 삶에서 매우 중요한 요소다. 그러나 인생 단계마다 다 다르게 느껴지는 데다 우린 서로의 시간을 정량적으로 비교할 수도 없다.

물리학자로서는 일단 "시간의 흐름"이라는 표현 자체가 신경 쓰인다. 실제로 시간은 흐르는 것인가에 근본적인 문제를 느끼기 때문이다.

물리학적으로 볼 때 '흐름'이란 공간 속 입자의 집단적인 운동을 나타내며, '운동'이란 시간이 변화할 때 공간 속 위치가 함께 변화하는 것을 뜻한다. 즉 '흐름'과 그 바탕이 되는 '운동' 자체가, 시각(時刻) 즉 시간의 값이 변하는 것을 전제로 한 개념이다.

따라서 엄밀히 말하면 시간 자체는 흐르는 것이 아니다. 시간은 '흐름'을 정의하기 위해 사용되는 전제 개념이니까.

뭐, 이렇게 말한다고 시간이 흐른다는 감각이 어떻게 설명되겠는가. 시간의 흐름까지 가지 않아도 '흐름'이란 애당초 통제하기 어려운 것이라는 생각이 든다.

그래, 지난번 악몽이 되살아났다.

바이러스는 흐른다

가족 한 명이 코로나 양성 진단을 받았다. 나머지 식구들은 증상이 없어도 밀접 접촉자라서 모두 자가 격리에 들어갔다.

우리 집은 좁다. 어떻게 하면 앞으로 열흘 동안 환자와 함께 지내면서 전염을 피할 수 있을까? 마침내 우리 집에 과학 지식을 총동원할 때가 왔다. 이것은 유체(流體)의 문제다.

코로나의 감염 경로는 비말 감염, 에어로졸 감염, 접촉 감염, 크게 세 가지가 지적된다. 에어로졸이란 눈에 보이지 않을 만큼 작은 공기 중의 물질이다. 호흡할 때 그 안에 든 바이러스를 흡입하면 감염될 수 있다. 이 작은 물질이 떠다니는 것을 일일이 통제하기는 불가능에 가깝다. 그래서 집 안 공기의 '흐름 전체'를 컨트롤할 필요가 있다.

먼저 양성 환자와 다른 가족의 생활 공간을 완전히 분리해야 한다.

좁은 집을 더 좁게 만들어서라도 환자 방은 문을 닫아 격리한다.

공기 같은 압축성 유체의 흐름을 컨트롤하려면 기압을 이용하는 것이 편하다. 기체는 압력이 높은 곳에서 낮은 곳으로 흐른다. 물론 기압 외에 기온을 통한 컨트롤도 생각할 수 있다. 그런데 기온이 흐름에 미치는 영향은 사실 간접적이다. 온도가 오르면 압력이 높아지고 그 압력이 흐름을 만든다고 생각하는 편이 효율적이다. 따라서 기본적인 컨트롤 방법은 기압을 직접 조정하는 것이다.

쉽게 말해, 환자의 방 기압을 다른 방에 비해 낮춰놓으면 그 방의 공기나 에어로졸이 다른 방으로 유입되지 않는다. 그럼, 기압을 낮추려면 어떻게 해야 할까?

물리 실험실에서 압력을 낮출 때는 흔히 펌프를 써서 기체를 밖으로 빼낸다. 나는 학창시절 실험 수업에서 배기펌프를 잘못 연결해 펌프를 망가뜨린 적이 있다. 그 때문에 실험을 그만두고 이론 물리학자가 된 것인데, 이번만큼은 절대 실패하면 안 된다.

우리 집에 딱 한 대 있는 선풍기를 환자 방 창가에 놓았다. 창문을 열고 바깥을 향하도록 둔 선풍기를 최대 풍량으로 튼다. 방문을 꼭 닫은 채로 문틈에 손을 대보니, 확실히 다른 방으로부터 공기가 흘러 들어오는 것이 느껴졌다. 미세한 공기 흐름을 측정할 때는 손끝에 물을 약간 적시면 좋다. 풍속과 풍향이 손에 잡힐 듯 정확히 느껴지기 때문이다. 중학생 때 백엽상자에서 기상관측을 한 경험이 이 순간에 도움이 됐다.

인터넷 쇼핑몰에서 가장 저렴하고 평이 좋은 서큘레이터를 구매한다. 다른 방의 공기 흐름도 조절하기 위해서다. 그렇다, 주방과 욕실 환풍기를 어설프게 돌렸다가는 환자 방의 공기가 다른 방으로 역류

해버릴 것이다. 따라서 환풍기를 가동하려면, 환자 방이 아닌 다른 방으로 외부 공기를 적절히 유입시켜야 한다. 곧바로 도착한 서큘레이터를 거실 창문 옆에 두고 실내를 향해 작동시켰다. 창문 커튼을 돌돌 말아 창문이 열린 면적과 서큘레이터 크기를 맞춰주니 외부 공기가 수월하게 흘러 들어왔다. 이로써 압력을 이용한 공기 흐름 제어라는 자기만족 수준의 대책은 완료다. 이제 실험실로 변한 우리 집의 기압 환경을 끈질기게 유지해나가는 일만 남았다.

용어 해설

유체역학(Fluid Mechanics) | 대학교 물리 수준 용어

흐름을 데이터로 파악하려면 먼저 각 지점에서 나타나는 흐름의 방향과 속도를 알아야 합니다. 일기도를 보면 각 지역의 풍향과 풍속이 기재되어 있어서 어떤 흐름이 생기는지 알 수 있지요. 흐름은 순간순간 변화합니다. 그러한 변화를 예측하는 것이 유체역학이라는 물리학입니다. 유체는 움직임이 복잡합니다. 예를 들어, 강물의 흐름에도 빠른 곳과 느린 곳이 있습니다. 그 차이가 긴 세월 동안 쌓이면 강의 형태를 복잡하게 비틀게 되기도 합니다. 그러니 유체의 기본 법칙과 운동 방정식을 알고 있다 해도 그것을 현실에 적용해서 푸는 데엔 엄청난 노력이 필요합니다.

+ 더 알고 싶은 분에게

관련 서적(어린이용) : 《강은 세상을 만들어요》 가코 사토시 글·그림, 김혜숙 역, 학고재, 2011년

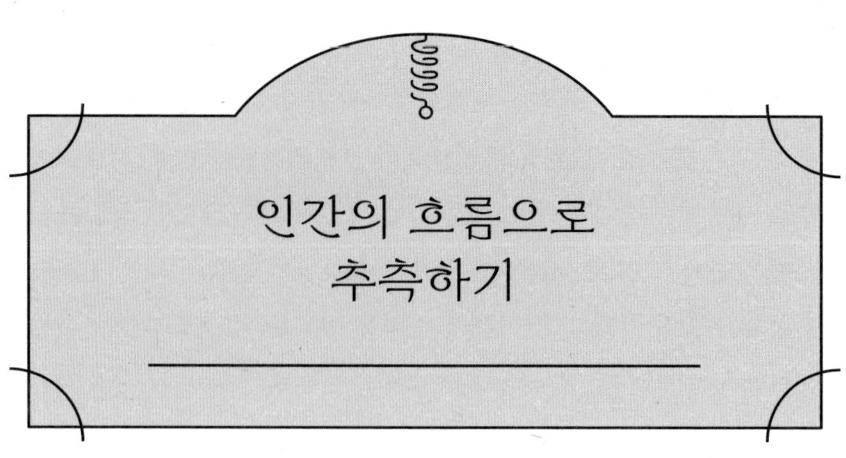

인간의 흐름으로 추측하기

에도시대의 시인 마쓰오 바쇼는 이렇게 읊었다.

'달과 해는 영겁을 떠도는 나그네요,

오고 가는 한 해 또한 다시 길 위의 여행자다.'(《오쿠로 가는 작은 길》)

눈에 보이지 않는 시간의 흐름을 인간의 움직임에 비유했다.

인간의 움직임도 '흐름'이다. 아무리 환자가 제 방에 틀어박혀 있겠다 한들 하루 종일 가만히 있을 수는 없다. 밥도 먹고 화장실도 가고 씻기도 해야 하니 말이다. 다른 식구들도 그러한 행위는 필수적이므로 온갖 것들을 함께 쓸 수밖에 없다. 코로나 바이러스는 접촉 감염도 중요한 감염경로여서 집 안에서 환자가 돌아다니다가 만진 부분은 통제 대상이 된다.

그래서 나는 식구들이 각자 집 안 어디를 만지고 돌아다니는지 조사했다. 사람이 무언가를 만질 때는 무의식적일 때가 많다. 몇 시간만 행동을 관찰하면 대강 파악이 된다. 스마트폰, 전등 스위치, 에어컨 리모컨, 냉장고 손잡이, 화장실 물 내림 버튼, 문 손잡이……. 자기 소지품은 혼자만 만진다. 각자가 무엇을 만지는지 목록을 작성했다.

환자와 같은 사물을 만지면 감염될 가능성이 높다. 이것은 확률의 문제다. 생활에서 모든 확률을 0으로 만들 수는 없으니 확률이 높아 보이는 곳을 요주의하는 것이 상책이다. 이에 집안일 관련된 장소에는 환자가 드나들지 않게 하고 접촉 부위를 극히 한정했다. 알코올 소독 키트와 쓰레기통도 설치했다. 공용 공간만큼은 사용 후 반드시 소독을 하도록 했다. 또 설거지와 빨래는 각자 하고, 환자가 사용한 그릇이나 옷을 집을 때는 고무장갑을 꼈다. 이렇게 하면 접촉 감염은 막을 수 있을 것 같았다.

바이러스는 눈에 보이지 않는다. 하지만 바이러스는 생명체를 매개로만 자기복제가 가능하다는 과학적 사실을 알면, 인간의 행동을 바탕으로 바이러스가 존재하는 영역을 추측할 수 있다. 그리고 어느 정도 통제할 수 있다.

내 전문 분야는 소립자 물리학인데, 소립자는 하나하나가 눈에 보이지 않을 정도로 작다. 하지만 인류는 과학을 발전시켜 그 작은 소립자의 성질을 아주 깊이 알게 되었다. 작은 것을 통제하기. 눈에 보이지 않는 것의 성질을 조사하여 세상이 어떻게 돌아가는지 알기. 이것이 바로 물리학이다.

신종 코로나 바이러스에 대한 정보는 연구자들의 노력 덕에 나날이 업데이트되고 있다. 최대한 많은 1차 정보(가공되지 않은 자료)를 수

집해 신뢰할 수 있는 정보를 얻고 그다음은 스스로 생각할 것. 이것이 과학이 가르쳐주는 가장 효과적인 대처법이다. 이 절차를 신뢰할 수 있을 만큼은 오래 과학을 해왔다.

격리가 해제된 날. 코로나를 앓은 식구와 마침내 하이파이브를 했다. 다행히 나머지 가족들은 감염되지 않았다.

조명과 소파의 흐름

자가 격리 기간에 거실에서 자는 신세가 된 나는 또 다른 문제에 직면했다. 환기를 위해 창문을 열어두고 있자니 커튼이 자꾸 벌어져서 햇살 때문에 잠을 잘 수 없었다.

커튼을 닫은 채로 환기를 하려면 어떻게 해야 할까? 다행히 커튼은 천이라 복잡한 3차원 입체 형상이 허용된다. 나는 매일 아침마다 커튼의 형태를 살피고 빨래집게와 간이 건조대를 조합해보며 햇빛이 머리맡에 닿지 않고 환기도 가능한 '해답'의 형상을 찾아 헤맸다.

3일쯤 지나자 어느 정도 만족스러운 기묘한 커튼 배치가 완성됐다. 커튼을 닫은 상태로 위쪽을 지붕 모양으로 비스듬하게 만들어 아래쪽에 환기가 되는 간격을 만든 것이다. 그리하여 나는 해가 뜬 뒤에도 안심하고 푹 잘 수 있었다.

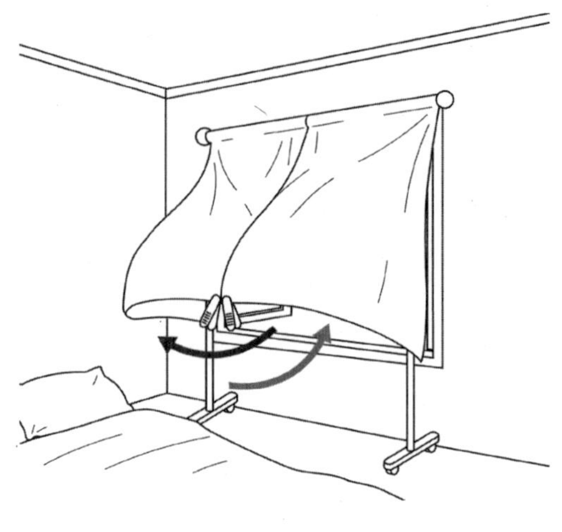

해답의 커튼 형상

커튼 형상의 탐색은 수학의 '조명 문제(Illumination Problem)'와 비슷해서 문제를 푸는 내내 짜릿했다는 사실은 부인하지 않겠다. 조명 문제란, 조명 하나로 방 전체를 밝힐 수 있는가 하는 문제다. 단, 방을 평면도처럼 볼 수 있고 벽에는 빛을 반사하는 거울을 설치해도 된다는 조건이다. 방에 전등을 하나만 놓고 거울의 빛 반사를 모두 고려할 때, 방이 어떻게 생겼든지 구석구석 그늘 없이 밝힐 수 있을까?

이 문제에 대해 2020년 노벨 물리학상을 받은 수학자 로저 펜로즈(Roger Penrose, 1931~)는 '반례'를 제시했다. 어떤 특수하게 생긴 거울방은 전등을 어디에 놓든 방 어딘가에 반드시 그늘이 생기고 만다는 것이다. 이 문제가 발전되어 "펜로즈의 방은 벽이 곡면인데, 혹시 벽이 평면이면 어떻게 될까?" 하는 문제에 대해서도 최근에 반례가 제시되었다고 한다.

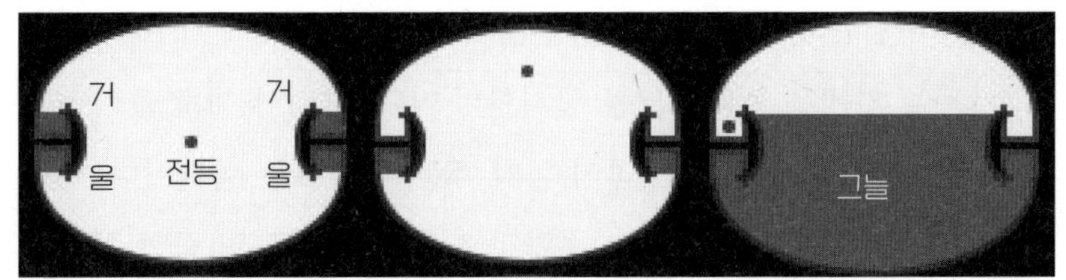

조명 문제

이런 문제가 수학계에서 화제가 되는 데서도 알 수 있듯, 빛이 어디에나 닿게 할 수 있는가는 수학적으로 재미있는 문제이며, 수학자들의 도전 정신을 자극하는 문제다.

비슷한 문제로 '소파 문제(Sofa Problem)'도 유명하다. ㄱ자형 복도를 돌 수 있는 가구의 최대 크기를 구하라는 문제다. 이 문제는 수학의 미해결 문제다. 소파 문제도 방이나 복도 같은 구조 속 흐름에 관한 문제라 할 수 있겠다.

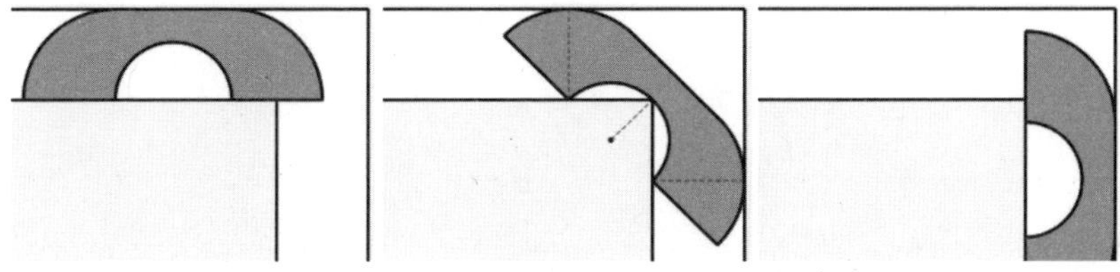

소파 문제

즉, 방 안의 흐름이라는 것은 수학적으로도 흥미진진한 대상이다. 아침 햇살을 피하려고 필사적으로 커튼의 '해답적' 형태를 탐색한 과정은 내 생활이 걸려 있는 수학문제라 더더욱 즐거웠다.

물론 “바람은 통하되 빛이 들지 않게 하라”는 문제에 대한 최적해는 ‘커튼을 없애고 블라인드를 설치한다’이다. 그러나 새로 블라인드를 설치하려면 시간과 돈이 많이 들기 때문에 이 해는 실격이다. 이런 제약 속에서, 문제를 가까스로 수학적으로 풀 수 있을 만큼만 간소화하고, 혼자서 풀고, 만면 가득한 미소를 짓는다. 《두뇌 체조》라는 퀴즈책에 열광했던 초등학생 시절이 문득 떠올랐다.

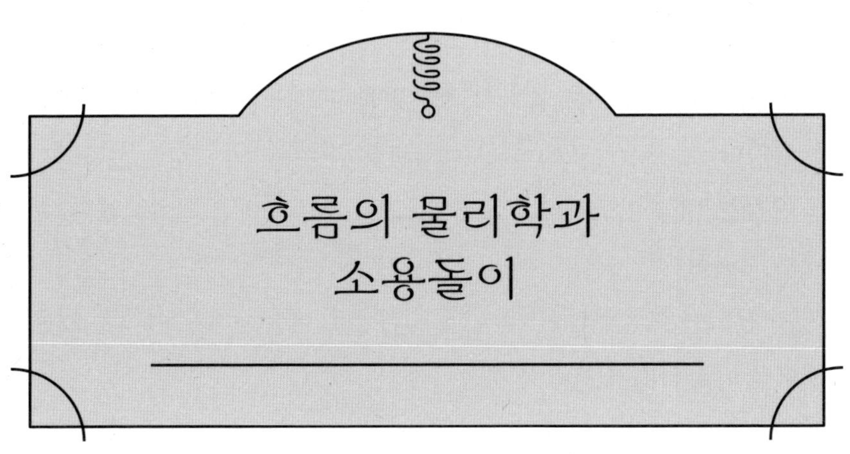

흐름의 물리학과 소용돌이

흐름을 통제하기가 어렵다고 하는 데는 물리학적 이유가 있다. 예측하는 방정식을 풀기가 어려워서다. 가령, 던져 올린 공의 운동이 포물선이 된다는 것은 고등학교 물리 수준에서도 운동 방정식을 풀어 간단히 구할 수 있다. 공의 운동 예측은 단순하다. 반면, 유체의 흐름이라는 운동은 미시적으로 보면 엄청나게 많은 공들이 서로 부딪치면서 운동하는 것과 같아서 예측이 어렵다.

고전 수필가 가마노 초메이의 글 《방장기: 한 평 안에서 얻은 평안의 이야기》는 이렇게 시작한다.

"흐르는 강물은 쉼 없이 흐르니 같은 물을 두 번 만날 수 없다. 웅덩이에 떠오른 거품은 솟았다 사라지기를 반복할 뿐 오래 머무는 법이 없다. 세상 사람도 그의 거처도 이와 다르지 않다."

이 아름다운 문장을 물리학 스타일로 제멋대로 변환해보면 이런 느낌이다.

'유체는 비평형 상태다. 기포의 생성과 소멸을 보면 알 수 있다. 우주란 그러하다.'

우주에는 온갖 현상이 발생한다. 현상을 예측하기가 어려운 것은 흐름을 예상하기가 어렵기 때문이다.

세상을 꼼꼼히 관찰하고 그려내 걸작을 남긴 레오나르도 다빈치는 물의 흐름을 여러 번 스케치했다. 다빈치는 흐름이라는 어려운 현상을 이해하는 열쇠를 "소용돌이"라고 말했다고 한다. 소용돌이는 물살이 빙글빙글 도는 현상을 말한다.

'세계 3대 조류'라 불리는 나루토(鳴門) 해협에 가면 사람 키를 훌쩍 넘는 거대한 소용돌이 조수를 볼 수 있다. 이 소용돌이는 사라지지 않고 꽤나 장시간 떠돌며 심지어 출현 패턴에 규칙성마저 있어 보인다.

기상위성이 찍은 구름 사진에서도 때로 소용돌이가 관찰된다. 전형적인 예가 태풍이다. 태풍은 사라지지 않고 이동해간다. 이런 소용돌이를 기준으로 공기의 전체 흐름을 살피고 예측하는 작업이 여름철 일기예보인 것이다.

물리학에서도 소용돌이가 사라지지 않는 특수한 상황이 알려져 있다. 이 경우 소용돌이의 개수를 세면 전체 흐름의 특징을 알 수 있어 편하다. 잘 알려진 예로 초전도 상태에서 나타나는 마이스너 효과(Meissner Effect)가 있다. 전기저항이 0인 초전도 상태의 물질은 자기장을 밀어내지만, 억지로 자기장을 세게 걸면 초전도 물질 안에 자기장이 소용돌이 형태로 갇혀버리는 현상이 생긴다. 이 소용돌이는 사라

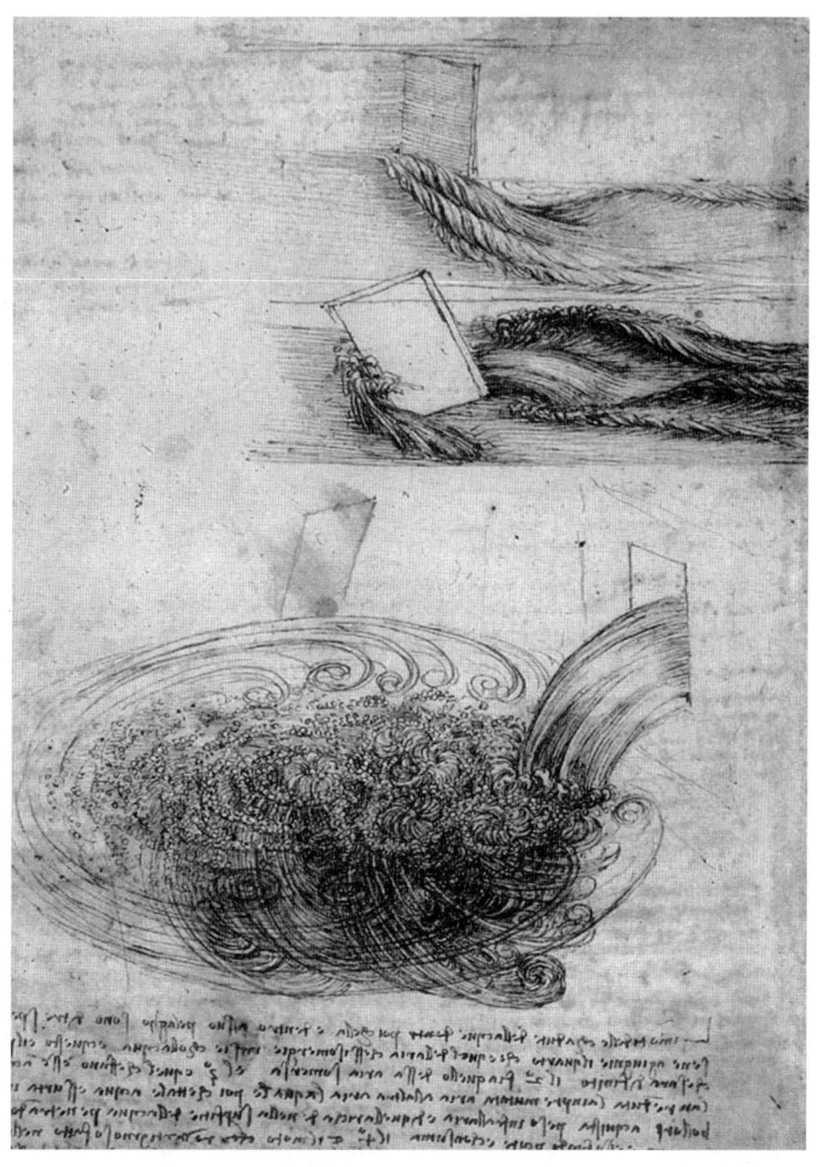

레오나르도 다빈치가 그린 물의 흐름

(Alamy Stock Photo / amanaimages)

지지 않고 유지된다. 마찬가지로, 점성 저항이 사라지는 초유동(超流動) 상태에서도 유체의 소용돌이가 사라지지 않고 계속 존재하는 듯한 현상이 관찰된다.

물리학에서는 이같이 소용돌이가 사라지지 않는 특수한 상황들을 이해하고 나서 일반적인 유체의 이해에 도전한다. 사라지지 않는 소용돌이의 성질은 토폴로지 수학으로 기술되어 체계적으로 정리되었다. 수학의 힘을 빌려 난해한 '흐름'을 이해한 것이다.

가장 친숙한 소용돌이의 예는 '머리 가마'일 것이다. 머리카락이 나는 방향을 '흐름'이라 봤을 때 소용돌이 모양을 이루는 곳이 바로 가마다. 아주 흥미롭게도, 가마는 없어지지 않는다. 그리고 대머리가 아닌 사람들은 대부분 가마가 하나다. 이는 토폴로지로 증명할 수 있다.

그걸 증명해서 어디에 쓸까? 그것까지는 모르겠다. 하지만 체모의 흐름이라는 난제를 푸는 힌트가 된다는 것만으로도 대단하지 않은가!

우주의 시간과 나의 시간

지금까지 본 것처럼 물리학에서 흐름을 예측하기는 매우 어렵다. 시간의 흐름을 과학적으로 고찰하기는 더 어렵다. 그러나 시간의 흐름을 해명하지 않으면 어쩐지 인생에서 손해를 보는 느낌이니, 현대 물리학의 말을 빌려 고찰해보자.

유명한 물리학자 알베르트 아인슈타인(Albert Einstein, 1879~1955)은 시간과 공간의 개념을 통일해 '시공(Spacetime)'이라는 개념을 만들었다. 시간과 공간은 일부 섞일 수 있다는 것이다. 공간 안에서 일어나는 시간 변화를 흐름이라고 부르기 때문에, 시간과 공간을 섞거나 혹은 동일하게 취급하는 '시공'이란 개념은, 흐름의 관점에서 보면 오히려 복잡한 상황을 낳아버렸다고도 할 수 있다.

역사적으로, 시공을 다루는 특수 상대성 이론(Special Relativity)은 우주 전체의 중력을 규정하는 일반 상대성 이론(General Relativity)으로 승화했다. 즉, 시간의 흐름을 생각하려면 우주를 생각하지 않으면 안 된다는 것이다.

재미있게도 상대성 이론에는 두 종류의 시간이 도입된다. 우주의 시간과 나의 시간이다. 나는 우주 속에 존재하며, 우주에는 우주의 시간이 '흐르고' 있다. 한편, 내 안에도 내가 느끼는 시간이 있다. 이 두 개의 시간은 달라도 상관없으나 일치시킬 수도 있다. 다시 말해, 우주의 시간과 나의 시간을 같은 시각으로 맞출 수 있다는 것이다.

내 시간을 재는 법은 내가 자유롭게 정해도 된다. 이것이 아인슈타인이 중력 이론의 원리로 삼은 '일반 좌표 변환 불변성'이다(24쪽 용어 해설 참조). 즉, 물리 현상은 어떤 좌표 설정 방식에도 좌우되지 않아야 한다는 생각이다. 시간 재는 방식을 조정하면 언제든 자신의 시간과 우주의 시간을 맞출 수 있다. 물리 이론에는 이러한 유연성이 들어 있다.

왜 그렇게 되어 있는지 나도 알 수 없다. 하지만 단지 그 유연성을 요구하는 것만으로 중력 이론의 형태가 필연적으로 정해져버린다. 물리학은 그렇게 쓰여 있다.

잘 모르긴 하지만 이유가 뭘지 상상해보면, 물리 이론은 애초에 인간이 생각해낸 것이기에 인간이 시간을 어떻게 느끼는지가 짙게 반영되었을 것이다. 사실 우리는 잠자는 동안 시간을 느끼지 못하며, 아침에 일어나면 "지금 몇 시지?" 하고 시계를 보고 세상의 시간과 자신의 시간을 맞추면서 안심한다. 인간에겐 각자의 시간이 있고, 그 시간을 세상의 시간과 맞출 수 있으며, 세상의 시간은 모두에게 공통된다는 상식 속에 우리는 살아간다.

내 안의 시간을 우주의 시간에 맞추며 살아가고 있다는 사실을 떠올리면, '시간의 흐름'이라는 말의 의미가 어렴풋하게나마 이해된다. '시간이 너무 빨리 흐른다'고 느낀다면, 나의 시간과 우주의 시간이 평소보다 조금 어긋나 있다는 뜻이다. 그러니 내 안의 시간을 조금 더 의식하는 것만으로도 시간의 흐름을 다르게 느낄 수 있을 것이다.

지루해서 시간의 흐름이 느리게 느껴질 때에는 우주의 시간과 내 시간의 관계에 잠시 집중해보자. 그 장대한 메커니즘을 상상하다 보면 시간을 초월한 감각을 맛볼 수 있으니까 말이다. 달리 말해, 시간 가는 줄 모르게 된다.

나 같은 물리학자는 이렇게 나이를 먹어간다.

(2022년 12월)

용어 해설

일반 상대성 이론(General Relativity) | 대학교 물리 수준 용어

아인슈타인은 시공의 휘어짐이 중력이라는 이론을 세웠습니다. 이 이론을 '일반 상대성 이론'이라 부릅니다. 우주에 작용하는 중력은 이 이론을 따릅니다. 놀랍게도 이 이론의 근원이 되는 원리는 '물리 현상은 그것을 기술하는 좌표계 설정에 따라 달라져서는 안 된다'는 지극히 당연한 생각입니다. 이 일반 좌표 변환 불변성이라는 원리가 중력이라는 힘을 기술하는 것입니다.

예전에 소립자 물리학자 다나카 쇼 선생님이 제게 이런 말을 한 적이 있습니다. "일반 상대성 이론이 아름다운 이유는, 일반 좌표 변환 불변성이란 게 인간의 뇌가 세계를 인지하는 방식과 같기 때문이야."

그 말대로, 인간은 세상을 절대적인 좌표로 받아들이는 것이 아니라 좌표가 바뀌어도 변하지 않는 '관계'를 통해 인지하고 있을지도 모릅니다. 이 말이 진정한 이론으로 정립되는 날, 인류는 세상을 지금보다 훨씬 깊이 이해할 수 있을 것 같습니다.

+ 더 알고 싶은 분에게

관련 서적(일반용): 《重力とは何か アインシュタインから超弦理論へ、宇宙の謎に迫る(중력이란 무엇인가 아인슈타인에서 초끈 이론까지, 우주의 수수께끼에 다가간다)》 大栗博司(오구리 히로시) 저, 幻冬舎, 2012

최고의
음식 가리기

✳

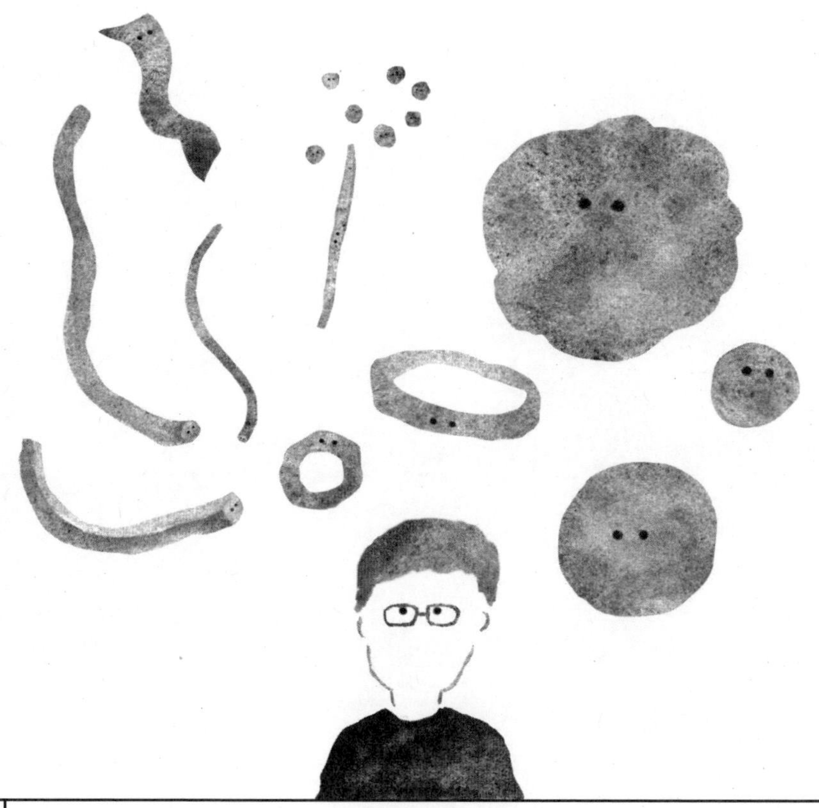

•

“아빠, 최고의 음식은 뭐야?”

가족과 식당에 가서 메뉴를 주문한 뒤였다. 초등학생 딸이 저렇게 말문을 열었다.

만약 “가장 좋아하는 음식이 뭐야?”라고 물었다면 대답하기 쉬웠을 것이다. 내가 좋아하는 음식이 딸의 취향과 다르더라도 특별히 입씨름할 필요도 없다. 그런데 아이의 질문은 “최고의 음식”이다. 여기서 말하는 ‘최고’는 전 인류, 아니 먹이를 먹으며 살아가는 모든 생물이 고개를 끄덕일 만한 것이라야 하지 않을까?

나는 깊은 생각에 빠지고 말았다.

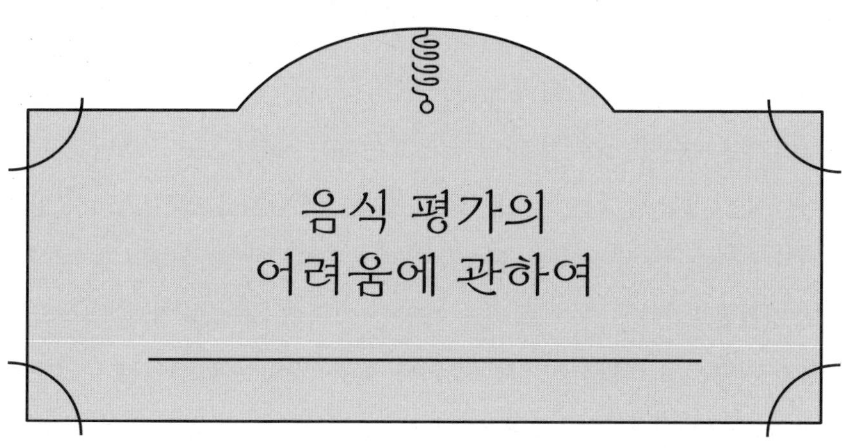

음식 평가의 어려움에 관하여

최고가 되려면 평가 기준이 존재하고 그 기준에 따라 평가했을 때 점수가 최고점이라야 한다. 만약 최고의 '사람 키'를 물었다면 키가 가장 큰 인물의 기록을 뒤지면 된다. '사람의 허리둘레'도 마찬가지다. '사람의 달리기 속도'라면 육상 경기의 세계 기록을 조사하면 될 것이다. 그런데 다 줄이고 '사람'을 물을 때가 문제다. '최고의 인간은?'이라는 질문에 답하려면 우선 무엇이 최고인지 가려내는 평가 기준부터 선정해야 한다. '최고의 음식'을 정의하는 문제가 딱 이렇다.

음식의 평가 기준으로 '맛'은 매우 그럴듯하다. 최고의 음식이란 최고로 맛있는 음식이라고 생각하는 사람도 많을 테니 말이다. 그러나 아쉽게도 맛에는 통일된 한 가지 척도가 없다. 특정 음식이 내게는 맛있어도 아이에게 맛있게 느껴지는 것은 아니다. 재현성(再現性)이 없는 데이터는 과학적 가치가 없다.

예컨대, 배부른 요리를 맛있다고 표현하는 사람도 있다. 특이한 요리를 맛있다고 말하는 사람도 있다. 좋아하는 음식을 먼저 먹거나 마지막에 먹는 등 입에 대는 순서도 다르고, 먹을 때 그 사람의 몸 상태도 영향을 미친다. 즉, 너무나도 다양한 기준이 내재된 '맛'은 음식의 평가 기준으로 적합하지 않은 것이다. 물론 '맛있는 음식이란 무엇인가'라는 주제도 끝없이 토론할 수 있지만, 지금은 결론을 내야 한다. 누구나 수긍할 '최고의 음식'을 진심으로 찾고 싶어졌으니까.

'아참, 이 식당을 고를 때는 인터넷에서 평점 후기를 찾아봤었지!'

평점이 높으니 맛있는 음식을 합리적 가격에 먹을 수 있는 곳이란 예상에 들떠서 찾아온 것이다. 아아, 하지만 식당의 평점도 최고의 음식과는 무관하다.

그렇다면 '최고의 음식'을 정하는 평가 기준은 무엇일까? 나는 내 사고를 되짚어 보았다. 확실히 '최고의 인간'을 정하기는 어렵지만 '최고로 키가 큰 사람'은 바로 답이 나오는 데다 모두가 수긍하는 결론을 얻을 수 있다. 그래, '최고의 음식'을 평가하는 기준으로 음식의 형태에 관한 수치를 고르면 되겠구나. 그거라면, 뭐든 즉각 반론을 제기하는 딸아이를 단번에 입다물게 할 수 있을 거야.

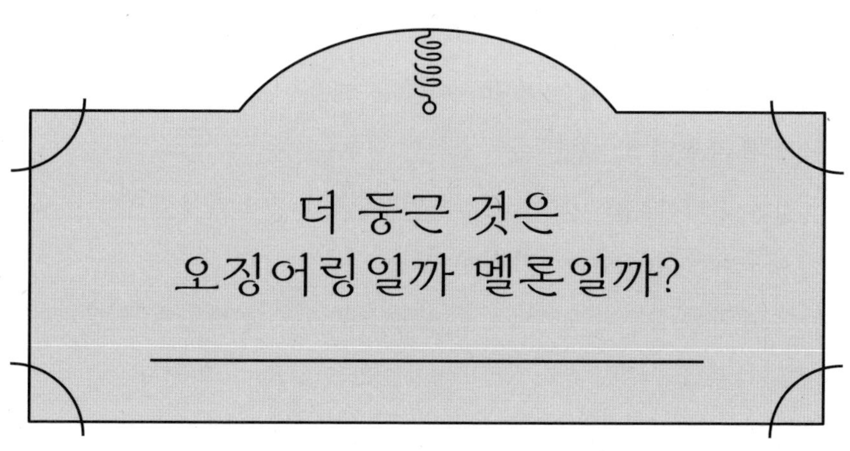

더 둥근 것은 오징어링일까 멜론일까?

나는 넌지시 딸에게 물어보았다.

“최고의 음식이라. 혹시 최고로 둥근 음식은 뭘까?”

딸은 바로 “오징어링!”이라고 말한다. 그런데 옆에 앉아 있던 아내는 “멜론”이라고 한다.

시작부터 문제 발생이다. ‘둥근’이라고 했지만, 원주를 말하는지 구면을 말하는지 헷갈리는 문제였다. 후자는 3차원 공간 안의 구가 둥글다는 말이지만, 전자는 2차원 공간 안의 구 즉 테두리가 둥글다는 말이다. 나의 문제 설정이 잘못이었다.

“미안. 둥근 것도 여러 가지가 있네. 그럼 공처럼 둥근 것 말고 우선은 오징어링같이 둥근 것을 찾아보자.”

딸아이는 내 말이 다 끝나기도 전에 예를 든다. “양파링”, “전병”, “동전 초콜릿" 등 잘도 생각해낸다. 아내도 "와플", "오코노미야키", "버터쿠키"를 재빨리 외쳐댄다.

이들 중에서는 오징어링이 압승이다. 속이 파여 있어 그야말로 둥근 테두리만 남은 식품이기 때문이다.

잘 알려진 것처럼 수학에서 원이란 보통 원주를 말하며, 원판과는 다르다. 원판은 영어로 디스크(Disk), 원주는 서클(Circle)이다.

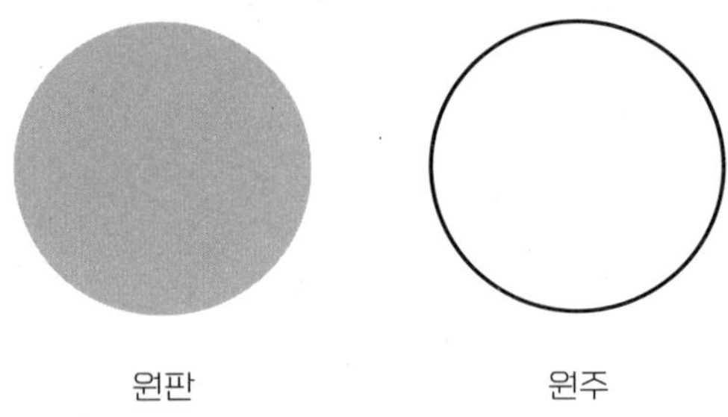

원판 원주

원판과 원주 중 어느 쪽이 기본인가 하면 원주다. 원판은 원주로 둘러싸인 영역을 말하므로, 원주를 정의한 뒤에라야 원판을 정의할 수 있다. 즉 수학에서는 원판보다 원주가 더 높으신 분이다. "둥글다"고 말하면서 내가 상상한 것은 서클, 원주였다. 그럼 지금까지 딸아이와 아내가 꼽은 음식 중에서는 오징어링과 양파링만이 후보다. 그리고 그중 어느 쪽이 더 둥근가 하면 아마 양파링일 것이다.

또 한 가지 중요한 관점이 있다. "최고로 둥근"을 "가장 원주에 가까운"이라는 표현으로 바꾸면, 원주는 모양이 둥글 뿐 아니라 두께 없이 선으로 되어 있어야 한다는 점이 중요하다. 아쉽게도 양파링은 선이 아니다. 양파 껍질만큼의 두께가 있으니.

나는 쓴소리를 했다. "여러분이 꼽는 음식은 원주가 아니야!"

그때 아내가 호쾌하게 한마디를 던졌다.

"다진 파!"

그랬다. 아내가 가리킨 곳을 보니 방금 테이블에 놓인 '회 정식 세트'에 가늘게 송송 썬 파가 곁들여져 있다. 아름다운 원주, 그야말로 선으로 된 원주의 음식이다.

따지고 보면 음식 크기가 클수록 휘기 쉬워서 완벽한 원형이 되기가 어려울 것 같다. 얇고 아름답게 썰린 파는 반경 5밀리미터 정도의 완벽한 원주를 이루고 있었다.

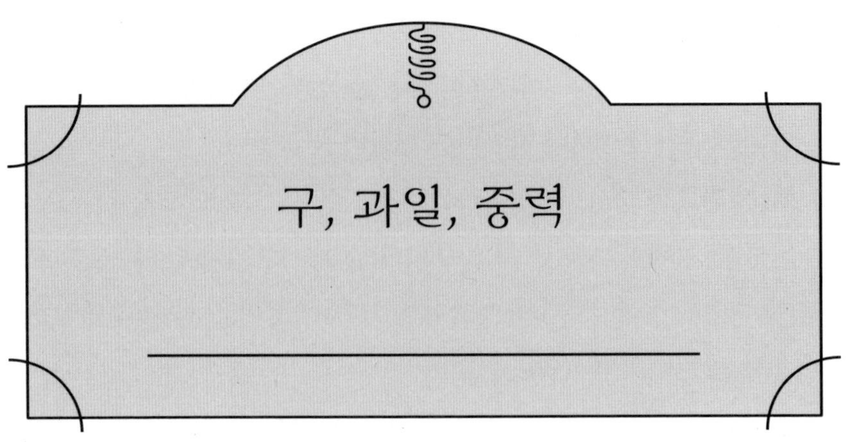

구, 과일, 중력

딸은 불만스러운 얼굴이다. 아내에게 공을 빼앗겨서라기보다 자신이 좋아하는 오징어링이 졌기 때문일 것이다. "그럼, 이번에는 최고로 공 모양에 가까운 음식!" 2회전이 시작되었다.

딸아이는 메뉴판 사진과 잠시 눈싸움을 벌이는가 싶더니 찾는 게 없었는지 시선을 허공으로 향한 채 줄줄이 읊어대기 시작했다.

"사과, 귤, 오렌지, 양배추, 토마토……!"

어때, 하듯 자랑스러운 표정이다.

흠, 멜론도 그렇고 하나같이 과일이나 채소네. 흥미롭군. 모두 식물의 열매류다. 생명이 저절로 자라면서 생기는 모양이 공 모양인 것이다. 작은 점에서 출발해 순조롭게 부풀어 오르다가 마지막에는 훌륭한 구형(球形)으로 자라는 것. 그것이 자연의 섭리다.

그럼 채소와 과일 중에서 가장 구에 가까운 것은 뭘까? 그러다 문득 깨달았다. 모두 조금씩 어긋나 있다는 걸. 귤과 오렌지도 약간은 찌그러져 있고 사과는 꼭지가 움푹 파여 있다. 모두 구를 벗어난 것이다.

이유는 곧바로 짐작이 갔다. 중력이다. 지구상에는 중력이 있으므로 떨어지지 않도록 받침이 필요하다. 땅 위에 난 것은 지면이 받치고 있기에 모양이 찌그러진다. 나무에 열린 과일은 떨어지지 않도록 가지에 매달려 있다 보니 모양이 틀어진다.

그렇다면 중력이 없는 곳에서 자란 과일이면 완전한 구형이 될지도 모르겠다. 가령 우주에서 자란 멜론? 하지만 그런 것은 본 적이 없고 있다고 해도 매우 비싸서 사 먹기 어려울 것이다.

반쯤 포기한 순간, 무언가가 뇌리를 스쳤다.

'중력을 상쇄하기 위해 꼭 우주 공간에 가야만 하는 건 아니잖아.'

세상에는 '부력'이란 것이 있다. 우리가 수영장에서 둥둥 뜰 수 있는 이유는 부력이 중력을 상쇄해주기 때문이다.

그럼, 과일을 물속에 넣으면 될까? 안타깝게도 과일의 표면은 단단하고 가변성이 없어 물속에 넣는 정도로는 모양이 변형되지 않는다. 좀 더 부드러워야 할 것 같은데. 부력을 느끼고 표면이 변형되는 그런 음식.

잠시 생각하는 사이 주문한 음식이 도착했다. 수타 메밀면과 돈가스 덮밥 세트다. 두 눈이 휘둥그레졌다. 메밀면 장국 옆에 놓인 작은 접시에 양념이 담겼는데, 거기에 다진 파와 자그만 메추리알이 곁들여져 있었던 것이다. 메추리알을 장국에 빠뜨려본다. 멋들어진 구형이 되었다.

우리 집 식탁에 준비한 소면, 다진 파, 메추리알.
메추리알은 형상이 잘 보이도록 물을 담은 비커에 넣었다.
오른쪽 사진은 비커를 옆에서 바라봤을 때다.
메추리알이 물에 떠서 구 모양을 이룬 것을 알 수 있다.

중력을 상쇄한 구. 이것이야말로 최고의 음식이다. 나는 옆에 있던 다진 파도 장국에 쏟아부었다. 국물 표면에 반듯한 원주들이 동동 떠올랐다.

딸과 아내와 함께 장국을 들여다본다. 거기에 '최고의 음식'이 있었다.

우리는 서로 눈을 마주쳤다. 뭔가 부족한 느낌이다. 메추리알과 다진 파가 물론 아름다운 모양이기는 해도 곁들임이라 단독으로 맛있게 먹을 수 있는 음식은 아니니까 말이다.

나는 순간적으로 다음 질문을 던졌다.

"자, 그렇다면 최고로 가느다란 음식은 뭘까?"

모두 눈앞에 놓인 메밀면을 바라보았다. 그래, 그 답이 메밀면이라면 이보다 완벽한 질문은 없다. 완벽한 원주와 완벽한 구면 그리고 가장 가는 음식을 함께 먹을 수 있으니 말이다.

하지만 세상사, 그리 쉽지 않은 법이다. 테이블에 딸의 '최애'인 카르보나라가 도착했다. 뭔가를 또 종알거리려는 아이를 제지하고 카르보나라를 즐기라 권한 뒤 나는 물리 실험 모드에 돌입했다.

카르보나라의 파스타면과 메밀면을 비교해본다. 아무래도 메밀면이 더 가늘어 보인다. 메밀면의 단면은 네모낳고 한 변은 약 1~1.2밀리미터 정도로 가늠된다. 파스타면은 지름이 1.6밀리미터라고 알고 있으니, 메밀면 쪽이 단면적은 작다고 생각할 수 있다. 메밀면이 이긴 건가?

아니, 그렇지 않다. '가늘기'를 겨룬다면 면의 굵기와 길이의 비율을 구해야 할 것이다. 가늘다는 개념은 상대적이어서, 비율을 따져야 비로소 수치가 된다. 메밀면은 길이가 여덟 촌(寸)◑이라 하니 약 24센티미터이고, 굵기 1~1.2밀리미터에 비하면 가로세로 비율은 약 1대 200이 된다. 기막히게 가늘다. 한편 파스타는 내 기억에 길이가 메밀면보다 살짝 기니까 비율을 따지면 메밀면이 우세하다. 즉, 파스타보다 메밀면이 더 가늘다.

갑자기 메밀면이 궁극의 음식으로 보이기 시작했다. 먹기도 전에 반해버렸달까. 가만히 응시하고 있자니 게슈탈트 붕괴◑라도 발생한 것처럼 음식으로서의 관심은 사라지고, 왜 이렇게 가느다란지에만 신경이 쓰여 견딜 수가 없다.

메밀면이 왜 가는지에 대해서는 과학적인 이유가 있을 것이다. 가는 물체에는 수치적인 특징을 부여할 수 있다. '부피에 비해 표면적이 매우 크다'는 것이다. 예를 들어 구체의 경우는 표면적과 부피(를 환산하여 면적 차원으로 바꾼 값)를 비교하면 비율은 대략 4대 1이 되는데, 메밀면의 경우 비율은 대략 20대 1~30대 1이 된다.

◑ 한 자(1尺)의 10분의 1로서, 약 3.03cm에 해당하는 길이 단위.

◑ 어떤 사물이나 단어를 너무 오래 보거나 반복해서 들을 때 이질감이 생기는 현상을 가리키는 일본식 신조어. 관련된 심리학 용어로 '의미 포화'가 있다.

메밀면은 왜 부피보다 표면적을 중시할까? 메밀면은 면 자체의 맛이 아니라 면에 적시는 장국의 맛이 중요하기 때문이다. 만약 메밀면 자체로 충분히 맛이 난다면 면의 부피가 클수록 먹는 이의 만족도도 클 것이다. 그러나 메밀면은 표면에 묻은 장국이 맛의 향방을 결정해 버린다. 표면적이 클수록 장국은 더 많이 묻는다. 그리고 면의 부피가 작을수록 배가 너무 부르기 전에 원하는 만큼 메밀면을 여러 번 적셔 먹을 수 있다. 이것이 메밀면이 가느다란 이유다.

이는 '포키' 같은 빼빼로 과자도 마찬가지다. 포키의 표면에는 초콜릿이 묻어 있다. 자매품인 '극세 포키'는 포키의 굵기가 절반밖에 되지 않아 초콜릿을 담뿍 맛볼 수 있는 상품으로 인기가 높다.

하아, 가늘기의 이유까지 과학적으로 해명했으니 이제 눈앞의 메밀면을 맛있게 흡입하는 일만 남았다. 이때 아내가 한마디 했다.

"가는 건 소면이지. 특히 나라 소면 말이야. 궁극의 가늘기였어."

허점을 찔린 것처럼 기운이 빠졌다. 눈앞의 답안을 정당화하는 데 정신이 팔려 다른 후보를 고려하는 걸 잊었던 것이다. 이는 과학 정신에 위배된다. 존재하는 모든 음식 중 가장 가는 것을 찾았어야 했다.

라면, 우동, 칼국수, 곤약국수……. 온갖 가는 음식을 떠올려보았지만 과연 소면을 뛰어넘는 건 없는 듯하다.

예전에 나라(奈良)의 미와 신사에 들렀을 때 근처 소면 집에서 '뉴멘'이라는 지극히 가느다란 실국수를 먹었다. 이 고급 소면의 굵기는 불과 0.3밀리미터로, '가미스기(神杉)'라는 별명이 붙어 있었다. 신의 손길로 다듬은 삼나무 같다는 뜻이다. 신이란 말이 괜히 붙은 게 아닐 만큼 무시무시하게 가늘다. 아마 세계 최고일 것이다.

면의 길이를 따지면 소면은 메밀면보다 약간 짧은 20센티미터 정도로 굵기와 길이의 비율이 1대 600에 달한다. 메밀면의 세 배에 해당하니, 소면의 압승이다.

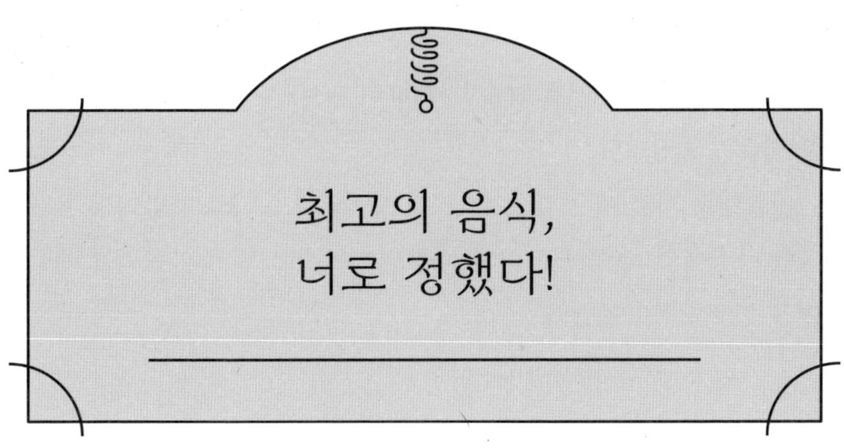

최고의 음식, 너로 정했다!

인류는 600이라는 비율 값에 달하는 특수 형상의 음식을 개발했구나. 경이로운 일이다. 음식에 대한 탐구가 형태의 특이성으로 인간을 이끌었다.

소면은 메밀면이나 우동과 달리 칼로 썰어내지 않고 손으로 잡아당겨 가늘게 뽑아낸다. 지름 0.3밀리미터는 머리카락 몇 가닥을 합친 정도의 굵기다. 재료에 신축성이 있어 그만큼 가늘어질 수 있다. 가늘게 뽑은 면을 건조시키면 완성될 무렵에는 탄성이 생겨 먹을 때 쫄깃한 식감으로 이어진다.

늘어나려는 신축성과 원래 모양으로 돌아가려는 탄성은 대체로 상반되기에, 실로 고도의 기술이다. 이토록 첨단의 가느다란 음식을 우리는 일상적으로 먹고 있는 것이다. 얼마나 멋진 일상인가.

나는 일종의 결론에 도달했다. 최고의 음식은, 메추리알과 다진 파를 곁들인 소면이다.

아쉽게도 지금 내 눈앞에 있는 건 메밀면과 돈가스 덮밥이지만 다음엔 나라에 가서 꼭 최고의 음식을 먹어야지. 그렇게 마음먹고 메밀면을 호로록 빨아들였다.

용어 해설

탄성(Elasticity) | 대학교 물리 수준 용어

말린 소면 한 가닥을 들고 끝부분에 손가락으로 살짝 힘을 주면 소면은 휘어집니다. 그리고 손가락을 떼면 원래 형태로 돌아가지요. 이렇게 힘을 주면 모양이 변형됐다가 원래 상태로 돌아가려는 힘이 작용하는 것을 '탄성'이라고 합니다. 일반적으로 탄성은 탄성률('영률')로 수치화합니다. 탄성률이 클수록 잘 휘어지지 않는 물체입니다. 소면이나 건면은 말리면 탄성률이 매우 커집니다. 삶으면 탄성률이 줄어들고요. 이처럼 제조·조리 전후의 탄성률 변화는 음식 보존과 및 운송에도 큰 관련이 있습니다.

+ 더 알고 싶은 분에게

관련 서적(일반용) : 《麺の科学(국수의 과학)》 山田昌治(야마다 마사하루) 저, 講談社, 2015

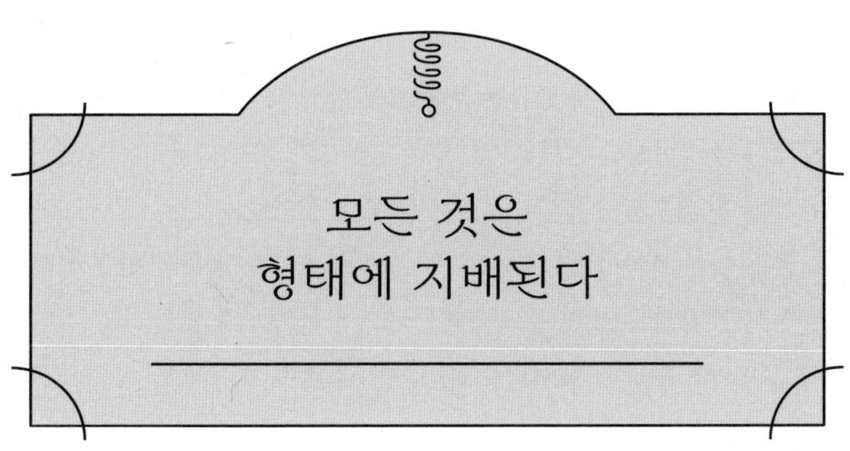

모든 것은 형태에 지배된다

생각해보면, 세상을 지배하는 건 뭐니뭐니 해도 '형태'다. 최고의 음식이 뭐냐고 물으면 보통은 제일 맛있는 음식을 떠올릴 텐데, 어떻게 해도 내 생각이 음식의 생김새로 향하는 이유는 '형태'야말로 지극히 많은 현상을 관장한다는 점을 과학을 해오며 알게 돼서인지도 모른다.

그렇다. 맛있음은 결국은 단백질 형태의 문제다. 맛있다는 건 인간의 혀가 다양한 맛을 느끼는 일이다. 맛을 느끼는 일은 혀에 있는 미뢰(미각을 느끼는 세포군) 속 미각 수용체가 음식의 화학물질과 결합하는 일이다. 이때 단백질 결합이 선택적으로 일어나는 이유는 단백질이 열쇠와 열쇠구멍처럼 형태에 따라 결합 대상을 고르기 때문이다.

즉, 형태야말로 맛의 기원이 되는 셈이다.

단백질은 아미노산으로 구성돼 있고 아미노산은 탄소·산소·질소·

수소 원자가 복잡하게 결합한 분자다. 원자도 네 종류면 매우 복잡한 형태의 분자 사슬을 이룰 수 있다. 만약 원자가 한 종류뿐이라면 열쇠를 만들 만큼 다양한 형태는 갖추지 못했을 것이다.

물론 최신 과학에서는 탄소를 얇은 시트 형태로 배열한 단일 원자막인 '그래핀'을 이용해 튜브나 공처럼 다양한 형태를 만들어낼 수 있다. 그럼에도 단백질 형태의 다양성엔 비할 바가 아니다.

이 세상을 구성하는 가장 작은 물질을 소립자라고 부른다. 소립자에는 형태가 없다. 점이다. 아니, 더 정확히 말하면 그 이상으로 나눌 기술을 인류가 가지고 있지 않은 가장 작은 물질을 소립자라 부르기에, 그 구조를 알 수 없다. 단 하나 알고 있는 사실은 소립자에 스핀이라는 방향 같은 요소가 있다는 정도다. 그 이상의 구조를 인류는 모른다.

다시 말해 소립자에는 크기가 없어서 형태가 없다. 그렇다면 형태는 어디서 생겨나는 걸까? 가장 작은 소립자가 점이라는 건 누가 정했을까? 이 질문에 인류는 아직 답하지 못했으며, 다만 가장 작은 구성 요소가 '끈'이라고 가정하는 '초끈 이론'이라는 가설이 제안되어 있다. 이 가설이 맞다면, 형태를 가진 미세한 '끈'이 우주의 모든 것을 구성하고 있다는 말이 된다.

사실 점 같은 소립자로부터 끈을 만들 수 있다. 두 개의 소립자를 준비하자. 그 소립자들 사이에 끈끈한 '풀' 같은 힘이 작용한다고 가정하면, 소립자들 사이에 늘어지는 끈을 상상할 수 있다. 두 점이 있으면 그 사이에 선을 그을 수 있다. 이것이 형태의 기원이다.

실제로 '쿼크'라 불리는 소립자 사이에는 서로를 끈으로 잡아당기는 듯한 힘이 작용하는 것으로 알려져 있다. 이를 난부 요이치로 등의

학자들이 지적하면서 '초끈 이론'의 원형이 탄생했다.

즉 세상의 '형태'의 기초는 소립자에 있다. 소립자들이 아주 많이 모여 물질의 형태를 만들어간다. 그 근원인 소립자에는 형태가 없다. 소립자는 지금까지 17종류밖에 발견되지 않았다. 이 17종류가 우주의 거의 모든 사물의 형태를 구성해나가는 것이다.

그 작은 것들 사이에 형태가 생겨난다면, 가장 큰 것의 형태는 어떻

용어 해설

초끈 이론(Superstring Theory) | 대학교 물리 수준 용어

"소립자가 사실은 작은 '끈'으로 되어 있을지도 모른다"는 이론상의 가설이 '초끈 이론'입니다. 초끈 이론 가설은 중력까지도 소립자의 교환으로 발생하는 힘이라고 생각하지요. 즉 이것은 중력을 설명할 때 미시 세계의 소립자를 이용해 모순 없는 이론을 제공하는 중요한 가설입니다. 가장 큰 우주와 가장 작은 소립자를 연결하는 물리학 이론이 초끈 이론인 셈입니다. 초끈 이론은 우주의 시작, '애초에 그 공간이 어떻게 만들어졌는지'를 묻는 과학의 근본적인 과제에 빛을 비출 이론으로 활발히 연구되고 있습니다.

+ 더 알고 싶은 분에게

관련 서적(일반용): 《超ひも理論をパパに習ってみた(초끈 이론을 아빠에게 배워보았다)》 橋本幸士(하시모토 고지) 저, 講談社, 2015

게 만들어질까? 예를 들면 태양이나 지구 말이다. 이것들은 둥글다. 사물의 크기가 커질수록 그것이 어떤 물질로 어떻게 구성되어 있는지 같은 작은 차이들은 무시할 만한 수준이 되고, '물질 VS 중력'의 구도로 모든 걸 생각할 수 있게 된다. 중력이 모든 방향에서 똑같이 작용하므로 사물은 점점 더 균일한 모양으로 변하다가 결국 둥글어진다.

그 결과, 모든 것은 둥글게 된다.

용어 해설

쿼크(Quark) | 대학교 물리 수준 용어

지금까지 확인된 17종류의 소립자 중에는 쿼크라는 6종류의 소립자가 포함됩니다. 쿼크는 글루온이라 불리는 소립자를 흡수·방출하고 서로 교환함으로써 극도로 강하게 결합합니다. 글루온의 교환으로 발생하는 힘을 '강한 상호작용(Strong Interaction)'이라고 부릅니다. 쿼크와 글루온이 모여 양성자와 중성자를 만들고, 양성자와 중성자는 원자핵을 만듭니다. 그래서 쿼크는 우리 몸과 물질을 구성하는 가장 중요한 소립자라고 할 수 있는 것입니다. 쿼크는 단독으로는 발견되지 않습니다. 이것이 기초 물리학의 최대 수수께끼 중 하나이지요.

+ 더 알고 싶은 분에게

관련 서적(일반용) : 《쿼크》 난부 요이치로 저, 김정흠·손영수 역, 전파과학사, 1983년 사람 눈에 보이는 가장 큰 것은 은하다. 나선형, 타원형 등 다양한 모양을 하고 있는데 이는 둥근 물체가 회전하거나 다른 힘들이 작용한 결과다. 우주에서 가장 오래된 별들이 모인 구상성단은 거의 완전한 공 모양에 가깝다. 우주에서 가장 큰 것도, 근원을 따져보면 결국 둥글다. 둥근 것은 가장 단순한 형태이며 특징이 없다.

망원경으로 촬영한 구상성단의 형태

별이라는 가장 큰 것, 그리고 소립자라는 가장 작은 것. 이들의 형태에는 특징이 없다. 그러나 그 크기 사이에 있는 우리 주위의 온갖 사물에는 다양한 형태가 있다.

인간에게 형태는 곧 기능이며, 주변 세계를 식별할 수 있는 열쇠다. 그것이 다양하기에 인류는 진화할 수 있었다.

만약 이 우주에 소립자가 한 종류밖에 없었다면 인류와 같은 지적 생명체는 기대할 수 없었을 것이다. 세상이 너무 단순해서 그것을 살피고 배우고 써먹어야 할 이유가 없었을 테니 말이다.

생각이 여기까지 미치니 눈앞의 메밀면과 돈가스 덮밥이 더없이 사랑스럽게 느껴진다. 이것들도 이 우주의 걸작이구나 싶어서.

(2023년 6월)

다리 떨기의 물리학

•

의자가 흔들리기 시작했다. 지진인가?

진동이 짧은 간격으로 반복되는 것이 지진 초기 미동 같다. 초기 미동은 P파라고 불리는 파동으로 일어나는데, 크게 요동치는 S파보다 빨리 도달한다.

P파의 진동 속도는 얼마나 될까? 순간적으로 전에 겪은 지진을 떠올렸다. 그때는 책상 위에 놓인 컵이 달그락달그락거렸다. 덜덜거리는 게 상당히 빨랐더랬지. 1초에 열 번은 흔들렸던 것 같은데……. 이것을 과학 용어로는 “진동수가 10헤르츠다”라고 기술한다. 진동수란, 1초 동안 흔들리는 횟수를 말한다.

이번 의자의 진동은 꽤 규칙적인 주기를 가진 것처럼 느껴진다. 진동수를 대충 가늠해보니 1초에 다섯 번, 즉 진동수는 대략 5헤르츠다. 흠, 10헤르츠가 안 되는구나. 그렇다면 이건 지진이 아니라는 말인가?

주변 사람들을 봐도 특별히 동요하는 기색이 없다. 아무래도 진동을 느끼는 사람은 나뿐인 것 같다. 게다가 책상은 흔들리고 있지 않다. 나는 다시 한 번 주위를 휘휘 둘러봤고, 곧 진동의 원인을 발견했다.

누군가가 다리를 달달 떨고 있다.

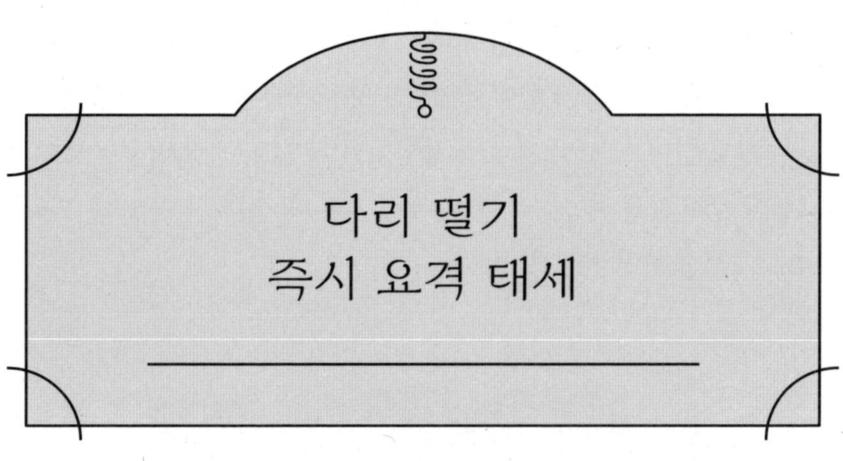

다리 떨기 즉시 요격 태세

이 사건이 일어난 환경은 앞으로 나올 물리학적 고찰에 중요하므로 자세히 적어두려 한다. 사건은 다름 아닌 물리학회 연례 학술대회 현장에서 일어났다.

일본물리학회는 전국에 1만 6천 명 정도의 회원을 보유한 대규모 물리학자 모임이다. 해마다 한 번 열리는 학술대회에는 수천 명의 물리학자가 모인다. 대회는 큰 대학의 시설을 통째로 빌려 개최된다. 캠퍼스가 행사장으로 변하는 것인데, 수십 개 강의실에서 서로 다른 연구 발표가 이루어지고 참가자들은 관심 있는 주제를 찾아 들으러 간다.

예의 그 '진동 사건'은 대학의 한 강의실에서 일어났다. 강연을 듣는 동안 앉아 있던 의자가 갑자기 흔들리기 시작한 것이다.

일본의 대학교 강의실은 100명은 너끈히 들어갈 만한 큰 방에 옆으로 긴 책상이 수십 개씩 늘어서 있다. 보통은 5인용 책상이 앞쪽 칠판을 향하고 있다. 다섯 개의 의자 등받이는 바로 뒤 책상과 붙어 있고, 사람이 앉지 않을 때 의자 시트가 위로 접힌다. 즉 의자 다섯 개 모두 바로 뒤 책상과 연결된 형태다.

전형적인 일본 대학 강의실 모습. 의자 다섯 개가 바로 뒤의 긴 책상과 붙어 있다.

강의실에서 흔히 볼 수 있는 풍경은 이렇다. 다섯 좌석이 연결되어 있으니 가운데 자리까지 들어가기는 아무래도 번거롭다. 그래서 대부분은 가장자리에 앉으려 한다. 붐비는 강의실에 뒤늦게 도착한 사람은 연신 사과하며 앉은 사람들을 일어나게 하고 안쪽 좌석을 향해 게걸음으로 들어간다.

사건이 일어난 그때, 나는 책상의 왼쪽 끝에 앉아 있었다. 오른쪽 끝에 못보던 물리학자 한 사람이 앉아 다리를 위아래로 조금씩 흔드는 것을 발견했다.

'지진이 아니라 다리 떠는 거였구나.'

안심한 나는 다시 강연에 집중하려고 했다. 하지만 아무래도 진동이 신경 쓰여 강연자의 이야기가 머리에 들어오지 않았다. 자리를 바꿀까도 생각했다. 그러나 청중이 꽤 많았기 때문에 자리를 바꾸려면 "죄송합니다"로 시작되는 일련의 행동을 거쳐야 한다. 강연 중에 자리를 바꾸는 게 연사에게 실례이기도 하고, 나 때문에 일어났다 앉아야 하는 다른 청강자에게도 미안한 노릇이었다. 으으음…… 이거 완전히 진퇴양난인데?

그러던 중 문득 생각이 바뀌었다. 이 상황은 일종의 '도전 과제'가 아닐까? 하고. 다리 떨기는 진동 현상이다. 진동이라는 것은 세상의 물리 현상 중 가장 기본적인 형태다. 고등학교 물리 교과서에서도 앞에 나올 정도다.

그러니 물리학자인 내가 이 문제를 해결하지 못할 리 없다. 아니, 이걸 해결하지 못하면 물리학자 간판이 무색해질 일이다! 혹시, 오른쪽 끝에 앉은 저 물리학자는 자기도 모르게 주변 물리학자들에게 문제를 출제한 것 아닐까?

나는 그의 도전을 받아들이기로 했다. 물론 다른 선택지는 없었다.

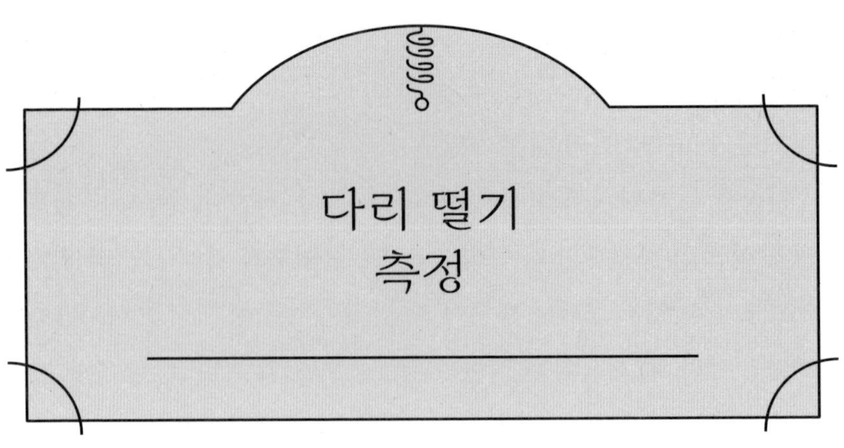

다리 떨기 측정

물리학은 세상의 다양한 현상을 법칙, 수식, 실험으로 규명하는 학문이다. 가령 실험이나 관측을 통해 새로운 현상을 발견했다고 하자. 자세히 관찰하면 그 현상이 어떤 법칙에 지배되는지를 밝혀낼 수 있다. 규명이 끝나면 그 법칙을 이용해 현상을 통제하거나 달리 응용할 수 있다. 발전 설비와 PC 등 생활을 떠받치는 모든 것은 물리학이 발견한 법칙을 이용해 발명되었고 인류의 일상에 변혁을 일으켰다.

오랜 세월 물리학에 몸 바친 나는 새로운 현상을 만나면 거기에 어떻게 대응할지를 생각하며 설렘을 느낀다. 이번에 만난 '새로운 현상'은…… 그렇다, 다리 떨기다.

나는 현상을 관찰하기로 했다. 일반적으로 모든 진동은 '진동수(주파수)'와 '진폭'으로 특징지어진다. 진동수는 진동의 주기, 즉 한 번 진동하는 데 몇 초가 걸리는지의 문제다. 진폭은 요동치는 폭을 가리킨다. 이들을 측정하는 데서부터 모든 것은 시작된다.

진동의 주기는 앞서 지진을 떠올려 비교해보기는 했지만, 더 정확하게 알기 위해 여러 차례 측정을 시도했다. 손목시계로 20초를 재면서 그동안 의자가 몇 번 진동하는지를 살폈다.

여기 다리 떨기의 진동수를 세는 작은 팁을 적어둔다. 진동수 계측

용어 해설

진동수(Frequency) | **고등학교 물리 수준 용어**

진동 현상이란, 일정한 시간 간격으로 반복되는 움직임을 말합니다. 목욕물 표면에 일어나는 출렁임, 귀에 들리는 소리, 지진 등이 진동 현상입니다. 진동 현상은 주기로 특징짓습니다. 주기란 진동이 몇 초에 한 번 일어나는지를 나타냅니다. 이 주기의 역수(逆數)가 진동수입니다. 즉, 진동수는 1초에 몇 번 진동하는지를 나타내는 숫자입니다. 진동수의 단위는 헤르츠(Hertz, Hz)입니다. 예를 들어 귀에 들리는 소리는 수십 헤르츠에서 수만 헤르츠 사이입니다. 사실 물질도 미시적으로 보면 모두 파동이라고 알려져 있습니다. 세상은 파동으로 이루어져 있는 것입니다.

+ 더 알고 싶은 분에게

관련 서적(일반용): 《波のしくみ(파도의 구조)》 佐藤文隆・松下泰雄(사토 후미타카・마쓰시타 야스오) 저, 講談社, 2007

은 의자 시트에 손을 대고 횟수를 세면 된다. 눈을 감으면 피부 감각이 민감해져 진동 횟수를 가늠하기가 더 쉽지만, 그러면 시계를 볼 수가 없다. 그래서 눈은 감지 않고 시계 문자판에 신경을 집중한다.

다만 스마트 워치는 별로 도움이 되지 않는다. 문자판 표시가 절전한답시고 5초 만에 꺼져버리기 때문이다. 그래서 5초마다 손목을 까딱 하며 화면을 다시 켜야 했다. 결국, 그렇게 여러 차례 측정 끝에 약 100회 진동이라는 측정 결과를 얻었다. 총 20초 동안 100회, 1초당 5회의 진동. 즉 이 다리 떨기는 약 5헤르츠다.

물론 진동 현상은 눈으로 측정하는 게 가장 정확하다. 의자의 미세한 진동을 손바닥으로 느끼는 방법보다는 오차가 적을 것이다. 그러나 '진원지' 물리학자의 발동작을 빤히 쳐다보면 이상한 사람 취급을 받을 것 같았다. 사실, 이상한 행동을 보이는 물리학자는 너무 많아서 신경 쓰지 않아도 됐겠지만.

다음은 진폭 측정이다. 눈으로 봤을 때 내 의자가 진동하는 것처럼은 보이지 않았다. 그만큼 진폭이 작다. 육안으로 진동이 보이지 않는다면 진폭은 1밀리미터 내지는 그보다 작을지 모른다. 인간의 피부는 아주 미세한 진동도 느낄 수 있다. 측정 결과를 정리해보자.

다리 떨기로 인한 진동 · 진동수: 5Hz
· 진폭: 1mm 이하

참고로, 이 측정 결과의 유효숫자는 한 자릿수다. 5.4나 0.95 같은 세밀한 값이 아니라 '5'나 '1' 정도로만 말할 수 있는 수준의 정확도라는 의미다. 모든 측정 결과에는 오차 표시, 즉 유효숫자의 자릿수를 함께 적어야 한다. 그렇지 않으면 물리학자의 기술이 아니다.

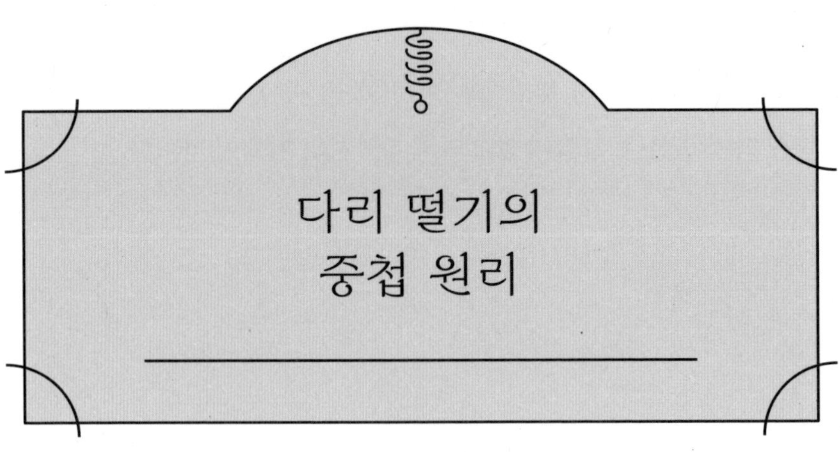

다리 떨기의 중첩 원리

그런데 물리학 이론에 따르면, 진동 현상이 관측점에 도달하는 데엔 진동원뿐 아니라 파동을 전달하는 '매질'이 필요하다. 이 경우, 진동원은 분명 오른쪽 끝에 앉은 물리학자의 발이다. 그리고 파동을 전하는 매질은 연결된 다섯 의자다. 의자는 뒤쪽 책상과 하나로 이어져 있으므로 매질은 오히려 책상이라고 생각하는 편이 적절하겠다.

이 책상의 길이, 즉 진동원(오른쪽 끝에 앉은 물리학자)과 관측점(나) 사이 거리는 눈대중했을 때 4미터 정도로 보인다. 책상 재질은 나무 같은데 다리는 금속이므로 목재 안에 금속을 넣어 보강했을 가능성이 높다.

진동에 관한 물리학 법칙 중 가장 기초적인 것이 '중첩의 원리(Principle of Superposition)'다. 전문용어로는 '파동방정식의 선형성'이라고 부른다. 쉽게 말해, 두 개의 파동이 만나면 서로를 통과해 지나간다는 것이다. 예를 들어 연못에 퐁당 하고 돌을 떨어뜨렸다고 해보자. 그것이 만든 잔물결이 둥글게 퍼져 나간다. 돌을 여러 개 떨어뜨리면 각각의 주위로 잔물결이 퍼져 나간다. 잔물결들은 서로를 통과해 지나간다. 이것이 중첩의 원리다.

잔물결의 중첩

물결과 물결이 만나는 순간을 조금 더 자세히 들여다보자.

한 물결의 마루(가장 높은 부분)와 다른 물결의 마루가 겹치면 더 큰 마루가 된다. 높이 즉 진폭이 더해지는 것이다. 반대로 한 물결의 마루와 다른 물결의 골(가장 낮은 부분)이 겹치면 마루가 줄거나 사라지는 것처럼 된다. 이처럼 진폭이 더해지고 빼질 수 있는 성질을 '선형성'이라 부른다.

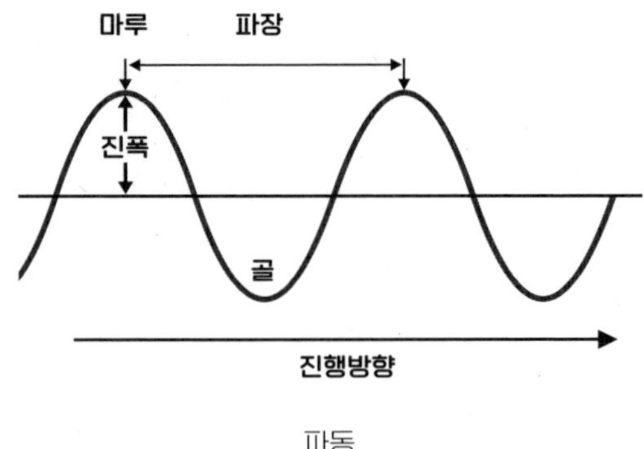

파동

이 중첩의 원리를 다리 떨기 진동 퇴치에 이용할 수 있지 않을까?

물리학에서는 법칙을 적용하려면 조건이 충족되는가를 확인해야 한다. 중첩의 원리는 파동의 진폭이 작다는 조건 아래 유효하다. 지금 측정된 진폭은 1밀리미터 이하이므로 작다고 할 수 있다. 따라서 중첩의 원리를 적용할 수 있다.

여기서 물리학을 한층 깊이 알고 싶은 분을 위해 추가로 설명해둔다. 물리학에서 "작다"고 말하려면 '무엇에 비해 작은지'를 제대로 말해야 한다. 가령 "코끼리는 작다"라는 주장도 "지구 크기에 비해"라고 단서를 달면 틀리지 않다. 파동의 경우는 구체적으로 말해 파동의 파장보다 진폭이 작을 때 중첩의 원리가 성립한다고 생각하는 것이 자연스럽다. '파장'이란, 파동의 마루와 마루 사이 거리를 말한다. 긴 책상을 통해 전해지는 파동은 책상이 흔들려 전해지는 것이므로 파장은 책상 길이 정도일 것이다. 따라서 이 현상에서 진폭이 작다는 것은 진폭이 책상 길이보다 작다는 의미다. 이 조건은 충족된다. 이로써 중첩의 원리를 적용할 수 있음을 확인했다.

머릿속이 번뜩였다. 그래, 중첩의 원리를 이용해 마루와 골을 겹치면 진동을 없앨 수 있지!

이것이 바로 '노이즈 캔슬링'이다.

이어폰에 사용되는 노이즈 캔슬링 기능은 소리가 파동이며 중첩의 원리가 적용된다는 점을 활용한 것이다. 외부에서 소리 파동이 온다고 할 때 마루가 오면 골을, 골이 오면 마루를 발생시킨다. 그러면 파동이 중첩되어 진폭이 줄어드니 외부 소리가 들리지 않게 된다.

나는 사상 최초의 '다리 떨기 캔슬링 메커니즘'을 발명했음을 직감했다. 다리 떨기의 진동을 캔슬링하려면 그것과 같은 진동수, 같은 진폭의 파동을 준비해 산과 마루, 마루와 산을 맞추면 된다. 어떻게 하면 같은 진동수, 같은 진폭을 만들 수 있을까? 그야 물론, 나 자신이 새로운 진동원이 되면 된다. 다시 말해 나도 다리를 떨면 된다!

사람의 체격은 물리학적으로는 오차범위 내에서 모두 같다. 무릎 아래 길이는 누구나 약 0.5미터 정도다. 그러니 무심코 다리를 떨 때 만들어내는 미세한 진동은 서로 진폭도 비슷하고 진동수도 비슷할 것이다. 캔슬링하기에 이상적인 진동원이다.

만반의 준비를 갖춘 나는 오른발을 떨기 시작했다. 마루와 골이 딱 맞아떨어지는 타이밍을 찾기 위해 왼쪽 허벅지로 진동을 느끼면서 날 방해하던 진동이 사라지는지에 감각을 집중했다.

그런데 이게 몇 번을 시도해도 잘되질 않았다. 깔끔하게 차단되지 않는 것이다.

'흠! 사람 체격이 거의 같다고는 해도 역시 조금은 다르구나.'

내가 발생시키는 파동의 진동수가 다가오는 파동의 진동수와 아주 조금 다르다는 뜻이었다.

나는 고등학교 물리 교과서 내용을 떠올렸다. 진동수가 약간 다른 두 개의 파동이 겹쳐 진폭이 커졌다 작아졌다 하는 현상이 '비트(beat)'다. 지금 왼쪽 허벅지에서 느껴지는 것도 어쩌면 비트일지 모른다. 비트의 진동수는 원래 파동의 진동수보다 작아진다. 즉 진동이 더 느리기 때문에 오히려 두드러지게 느껴지기도 한다.

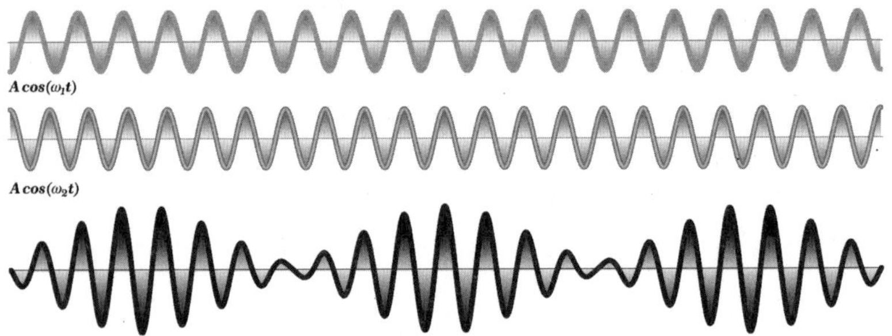

두 개의 파동이 겹쳐서 나타나는 비트

사실 그보다 체감되는 사실은 딴 데 있었다. 내가 다리를 떨면 남의 다리 떨기에 별로 신경이 쓰이지 않는단 점이다. 몸 자체가 흔들리니 의자의 작은 진동이 거슬리지 않았다.

그러나! 이건 해결한 게 아니다. 그리도 자랑스럽던 물리학은 어디로 갔단 말인가?

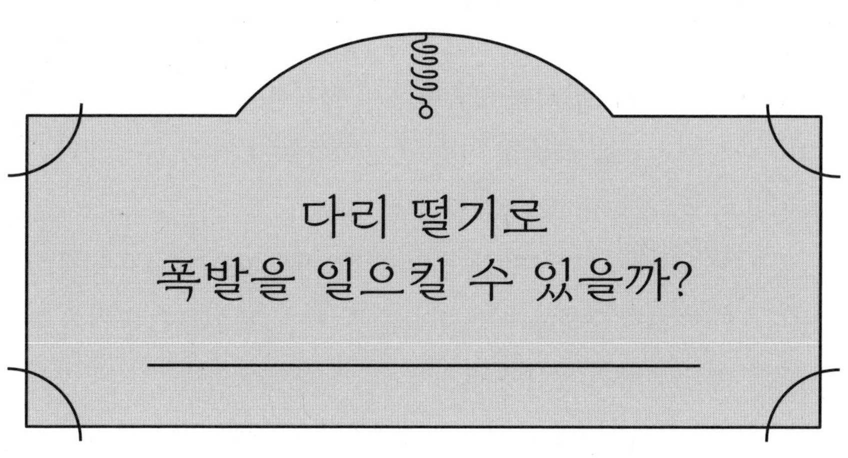

다리 떨기로 폭발을 일으킬 수 있을까?

노이즈 캔슬링을 포기한 나는 이런 손쉬운 방법이 아니라 좀 더 제대로 된 물리 지식과 이론적 고찰로 해결할 수 없을지 생각했다.

고등학교 물리학 교과서에 나오는 파동 현상 중 '공진(共振)'이 있다. 공진이란, 물체 고유의 진동수로 진동하는 현상을 말한다. 이 진동수를 '고유 진동수'라고 부른다.

예를 들어, 리코더 소리를 생각해보자. 리코더에 숨을 불어넣으면 정해진 소리가 난다. 이 음색은 공기의 진동수로 정해진다. 리코더의 길이에 따라 정해지는 고유 진동수가 있어서 그 음색이 나오는 것이다. 파동이 리코더의 양끝을 한 번 왕복할 때, 그중 원래 파동과 강하게 겹칠 수 있는 진동수만이 살아남는다. 앞서 설명한, 파동의 마루와 마루가 겹쳐 세지는 현상이다.

이것이 자꾸자꾸 겹치면 처음에는 아주 작은 진폭이었어도 서로 겹치면서 큰 진폭을 이룬다. 이를 '공진'이라고 부른다. '공명'이라는 표현이 더 익숙한 사람도 있을 것이다.

리코더의 예에서 알 수 있듯이, 물체의 크기에 따라 그 고유 진동수는 다르다. 리코더 구멍 중 어느 하나를 손가락으로 막으면 공기의 출입문이 바뀐다. 공기 입장에서는 리코더의 길이가 바뀌는 거나 마찬가지이기에 고유 진동수가 달라져 음색도 변하는 것이다.

머릿속이 또 한 번 번뜩였다. 내가 앉아 있는 의자의 고유 진동수로 다리를 떨면 진동이 점차 증폭되어 오른쪽 끝에 앉은 물리학자가 알아차릴 정도로 커지고, 그러면 자신의 다리 떨기가 폐를 끼치고 있단 것도 깨닫지 않을까? 그 상황이 심화되면 공진의 효과가 더더욱 증폭돼서 의자가 폭발할 정도로 흔들리다가 그 물리학자가 로켓처럼 날아오르지 않을까?!

극단적인 이야기가 아니다. 실제로 공진 때문에 큰 사고가 난 일이 있기 때문이다.

유명한 사례가 바로 미국 타코마 다리 붕괴 사고다. 1940년 이 현수교는 완공된 지 얼마 지나지 않아 불어오는 바람에 무너졌다. 당시 모습을 포착한 동영상이 남아 있다. 다리의 흔들림이 점차 커지다가 마지막에 무너져 내리는 영상이다.

다른 예도 있다. 1850년 프랑스의 앙제 다리에서는 수백 명의 군인이 다리 위를 행진하다가 다리가 무너져 200명 이상이 숨졌다. 사고 원인은 군인들의 발걸음이 다리의 공진 진동수와 일치했기 때문으로 여겨진다.

1940년 미국 워싱턴주 타코마 내로스 다리는
옆에서 불어온 바람의 영향으로 붕괴되었다.
(미국 의회도서관)

이처럼 어떤 물체에든 고유 진동수가 존재하기에, 그 고유 진동수에 맞춘 진동을 계속 가해주면 아주 작은 진폭의 진동도 공진하여 큰 진폭으로 발전한다. 자, 과연 끝자리의 물리학자를 날아오르게 할 정도의 공진을 일으킬 수 있을까?

이 아이디어를 시험하려면 내가 앉은 의자의 고유 진동수부터 구해야 한다. 진동수의 역수인 주기는 물체의 크기에 비례하므로 잘 아는 물체로부터 유추해 계산하겠다.

내가 아는 큰 물체 중 소리를 내는 것은 사찰에 걸린 범종이다. 범종은 금속으로 되어 있으니 이 책상과 비슷한 물질이라고 생각해도 될 것이다. 높이 2미터 정도의 범종은 엄청난 저음을 낸다. 범종을 쳐서 고유 진동이 일어나면 주위 공기가 진동해 소리가 나는 원리다. 범종은 중앙 도(약 261헤르츠)음보다 한 옥타브 정도 낮게 들린다. 옥타브가 내려갈 때마다 진동수는 절반이 되니, 대략 100헤르츠 부근이다. 그렇다면 4미터 길이 책상의 공진 진동수는 50헤르츠라 볼 수 있다.

나는 낙담했다. 내 다리 떨기로 50헤르츠, 즉 1초에 50회 진동을 일으킬 수는 없다. 대체 얼마나 빨리 떨어야 한단 말인가! 범종의 크기를 높이 2미터 대신 1미터로 잡고 계산하면 4미터 길이 책상의 고유 진동수는 25헤르츠로 내려간다. 하지만 이것도 너무 빨라서 무리다.

포기를 모르는 나는 내 몸이 만들 수 있는 최고 진동수로 다리를 떨어보았다. 다리만 아팠다.

갑자기, 진동이 사라졌다

리코더 덕에 생각난 사실이 있다, 고유 진동에는 패턴이 있다는 사실이다. 기타에도 배음(倍音) 현상이 있다. 진동수가 두 배인 음색이 함께 섞여 들리는 현상이다. 기타 줄은 전체 길이로 울릴 때의 고유 진동수뿐 아니라, 그 길이를 둘로 나눈 것처럼 진동할 수도 있다. 이 경우 줄의 한가운데가 '마디'가 되어 움직이지 않는다.

지금 앉아 있는 의자의 경우 다섯 개가 나란히 놓였으니 혹시 한가운데 의자가 진동의 마디에 해당하면 거기만큼은 진동하지 않을 것이다.

결심했다. 그에게 가까이 다가가보기로. 나는 옆으로 자리를 하나씩 옮기기 시작했다. 자리를 이동하는 건 물리학회 발표장에서 흔히 보는 현상이다. 앞사람 머리에 가려 발표 슬라이드가 안 보일 때라든지. 그런 척하면서 오른쪽으로 두 번 자리를 옮겼다.

그래서 어떻게 됐을까? 세상에, 진동이 사라졌다!

나는 승리의 함성을 지를 뻔했다. 아니, 가만있자. 이건 어쩌면 진원지 물리학자가 우연히 다리 떨기를 멈춘 덕일 수도 있다. 살짝 그의 발밑을 쳐다보았다.

아직도 떨고 있다. 그러나 놀랍게도, 다리를 떠는 형태가 바뀌었음이 관측됐다. 분명 조금 전까지는 왼다리를 상하로 진동시키는 표준 떨기를 하고 있었다. 그런데 이번에는 두 다리를 좌우로 벌렸다 모았다 하면서 떨고 있다!

길쭉한 물체가 뻗은 방향에 수직을 이루는 방향으로 진동하는 파동을 '횡파(橫波)'라고 부른다. 반대로, 뻗은 방향을 따라 진동하는 파동은 '종파(縱波)'라고 부른다. 횡파에서 종파로 그의 다리 떨기는 달라졌다. 횡파와 종파는 전해지는 속도가 다르다. 지진의 초기 미동은 종파이며 빠르다. 그러나 무서운 것은 횡파로, 이건 나중에 온다. 다리 떨기는 어떨까? 다시 계산해야 한다.

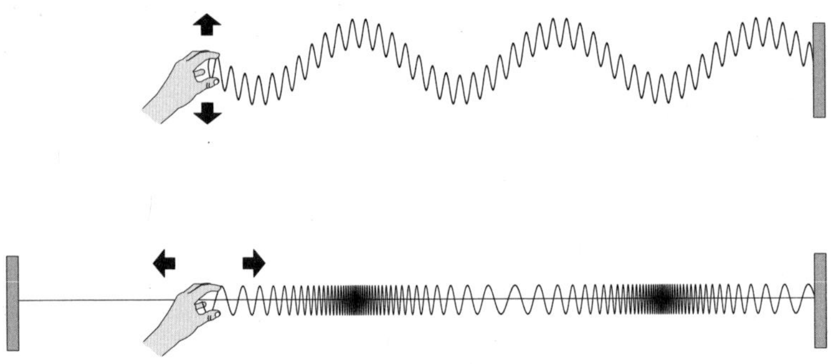

(위)횡파, (아래)종파

게다가 두 다리가 좌우로 벌어졌다가 모이면 오른발에서 발생한 종파가 왼발에서 발생한 종파로 인해 캔슬링되므로 이는 스스로 자동 노이즈 캔슬링을 하는 것과 다름없다. 친환경 다리 떨기라고 부를 판이다.

다리 떨기가 이토록 깊고 풍부한 물리학 세계를 갖고 있다니, 감동했다.

세상 모든 게 파동투성이

그나저나 인간은 왜 다리를 떨까? 다른 사람의 이야기에 집중하기 위해 몸을 조금씩 움직이는 건, 진화의 결과일까? 아닐 거다. 그 덕에 집중이 안 되고 있으니 말이다.

행위예술가 마에다 에이치 씨가 말하기를, 다리 떨기는 무의식에 가장 가까운 운동이라고 한다. 물론 무의식적으로 하는 다른 운동들도 있다. 호흡이나 심장 박동 같은 것들이다. 그러나 이는 바깥에서는 잘 보이지 않는다. 다리 떨기는 바깥에서 보이는 행위다.

무의식이기 때문에 진동수가 거의 일정하게 지속되는 특징이 있다. 아마도 강의실에 앉은 수십 명의 물리학자가 모두 같은 진동수로 다리를 떤다면, 고유 진동수에 맞춰질 경우 바닥이 흔들릴 만큼의 진동은 일어날 것이다.

떨고 있는 다리의 발뒤꿈치에 모터를 하나 부착해 전기를 발전시킨다고 해보자. 약 10킬로그램인 한쪽 다리를 1센티미터 들어 올리면 약 1줄의 일이 된다. 이를 초당 5회 진동 즉 5헤르츠로 실행하면 5와트 전기를 발전할 수 있다. 발전 효율이 20퍼센트에 그친다고 잡아도 1와트 정도는 발전된다. 세계 전체 인구 100억 명 중 1퍼센트가 동시에 다리를 떤다고 가정하면 발전량은 1억 와트(10만 킬로와트)다. 엄청난 전력이다. 인류는 무의식 속에서 이렇게 엄청난 에너지를 다리 떨기에 낭비하고 있다.

다리 떨기를 일본에서는 "가난 떨기"라고 부른다. 영어로는 그저 셰이킹 레그 정도로 부르겠지만, 그것이 가난으로 연관된다고 생각하는 문화에 조금 웃음이 난다. 일리가 없진 않다. 인체의 에너지를 가장 효율적으로 써서 장시간 지속 가능한 운동을 하는 것이 다리 떨기이니 에너지 절약, 아껴씀, 가난함이라는 연결도 가능할 것이다.

물리학의 양자역학에 따르면, 세계를 이루는 모든 물질은 미시적으로는 파동이다. 끝없이 진동하는 질서 속에서 우리는 생활하고 있다. 무의식의 진동이 우주를 구성하고, 그 물리학을 발견한 인류가 다리 떨기라는 무의식의 진동을 반복한다.

우주의 진동과 인간의 진동. 달라 보이는 두 세계가 사실 어딘가에서 이어져 있는 것은 아닐까? 그렇게 생각하면 다리 떨기가 몹시 사랑스럽게 느껴지기도 한다.

(2023년 9월)

용어 해설

양자역학(Quantum Mechanics) | 대학교 물리 수준 용어

양자역학이란, 원자보다 작은 세계를 기술하는 물리학입니다. 이 세계에서 물질은 모두 파동이 됩니다. 파동은 진동수와 진폭으로 기술됩니다. 물질의 파동은 서로 간섭하기도 하고, 장애물 뒤로 돌아 들어가기도 하고, 장애물을 통과하기도 합니다. 이런 현상은 일상생활 규모에서 보면 굉장히 신기한 현상이지만, 실제로 실험 관측에서 확인되고 있습니다.

양자역학이 탄생한 지 한 세기가 흐른 지금, 드디어 등장한 양자 컴퓨터가 세상을 떠들썩하게 하고 있습니다. 기존 컴퓨터가 수십만 년 걸릴 계산을 몇 분 만에 해낼 수도 있다고 합니다. 파동이기도 하면서 입자이기도 한 '양자'. 이것이 가깝게 느껴지는 날도 머지않았을지 모릅니다.

+ 더 알고 싶은 분에게

관련 서적(일반용) : 《Dance of the Photons(광자의 춤)》 Anton Zeilinger(안톤 차일링거) 저, Farrar, Strauss & Giroux-3PL, 2022년

바보 수식

•

아무 목적 없이 수식으로 칠판 채우기. 이것은 비밀스러운 나만의 명상이다.

"바보"라고 이름 붙였으나 남들 시선에 비추어 그렇다는 것일 뿐 나 자신은 바보 같다고 생각하지 않는다.

기왕이면 분필은 최고급이 좋다. 굵고 매끄럽게 써지지 않는 제품이나 화이트보드 마커는 논외로 한다. 분필 중에서는 '하고로모' 제품이 가장 좋다. 나이도 넉넉히 먹었으니 앞으로 하고로모만 쓰자고 생각 중이다. 하고로모 분필이 없는 강의실에선 가끔 화이트보드 마커를 쓰기도 한다. 하지만 이도 저도 아닌 분필로는 아예 아무것도 쓰지 않는 편이 낫다.

칠판은 가능한 한 큰 것이 좋겠다. 좋아하는 수식을 계속해서 등호(=)로 연결하다 보면 보통 높이의 칠판은 기껏해야 열 번만 진행해도 꽉 차 버린다. 수식의 길이가 예상된다면 모를까, 목적이 없으니 예상할 수도 없지 않은가. 다행히 내 방에는 팔을 뻗었을 때의 전신 길이보다 더 커다란 칠판이 있다.

수식을 쓰다 보면 불안해지는 순간이 있다. 계산이 잘못됐을지 모른다는 불안도 있지만, 그보다 지금 하는 계산이 재밌긴 한데 끝나고 나면 무의미하다고 판명되지 않을까라는, 마음 한구석의 걱정이 있어서다.

'길고 긴 계산 끝에 답이 0이라고 나와서 다시 검토해 보니 답이 0일 수밖에 없는 당연한 이유가 있었다' 같은 일은 허다하다. 물론 그것 나름대로 나쁘진 않지만 혼자서는 쓸쓸하다. 그래서 목적도 없이 수식을 쓰는 여정에 누군가를 데려가기로 처음부터 작정하고 있었다.

우리 연구실의 산맥 선생과 히말라야 선생은 젊은 시절부터 수식에 어지간히 단련된 사람들이다. 산맥 선생은 수학자이자 기계학습 연구자, 히말라야 선생은 화학 반응론과 원자핵 물리학 연구자이니 이번 여행에 더없이 잘 어울렸다. 내 전공인 소립자론은 우주가 어떻게 되어 있는지를 밝히는 물리학인데, 이번에는 그런 목적이 아니니 연구 목적이 다른 연구원들과 함께 수식을 쓰면 즐거울 것이다.

산맥 선생, 히말라야 선생은 모두 내 연구실에 3개월 전에 들어온 준교수들이다. 그 둘이 풀어내는 수식을 나는 잘 모른다. 하지만 수식으로 칠판을 가득 채우기만 하면 되는 이번 여행은 아무 문제 없다.

산맥 선생은 몸집이 크고 말수가 적은 수학자다. 연구실에 있는지 없는지도 잘 알 수 없다. 다만 커피에 엄청 공을 들인다는 건 안다. 어느 날은 원두에 관해 한바탕 설명을 늘어놓은 뒤 직접 볶은 콩으로 커피를 내려주었다. 한 모금 맛본 것만으로 커피의 세계가 한 차원 넓혀진 느낌을 받았다. 그 커피 사건을 통해 나는 산맥 선생의 드넓은 수식 세계를 상상하게 되었다. 분필을 내려놓을 무렵 우리 눈앞에 어떤 수식이 펼쳐져 있을지 생각만 해도 입가에 미소가 번진다.

히말라야 선생은 키가 크고 마른 체형으로 늘 연구실에 박혀 있다. 지난 3개월 동안 시시콜콜한 일상부터 연구 주제에 이르기까지 매일 많은 이야기를 나눴다. 이젠 서로 척하면 척이다. “그거 재미있네요”, “그건 좀 아니지 않나요?”라고 분명히 말하는 점이 나와 닮아서 공명 작용이 일어난다. 화학 반응론에 무섭게 매진하는 히말라야 선생은 토폴로지 작용을 알아내기 위해 수식과 씨름 중이다. 나는 화학 반응론에 별 관심이 없으니 어떤 식인지는 모른다. 다만 옆방의 히말라야 선생은 오늘도 교토의 산이 보이는 넓은 창을 바라보는 의자에 앉아 아침부터 밤까지 무언가에 열중하고 있다.

산맥 선생과 히말라야 선생이 내 곁에 있다는 건 행운이다. 나는 안다. 목적이 없다 해도 수식으로 칠판을

꾸며대는 학회 발표

바보 수식 여행을 떠나기로 결심한 그 시기, 나는 일본물리학회 연례 학술대회가 열리는 센다이에 가 있었다. 1년이나 해온 연구를 두 달 전에 논문으로 겨우 정리했고, 공저자 네 명을 대표해 발표하게 되었다. 막판까지 호텔을 예약하지 않았더니 가격은 비싼데 방은 턱없이 좁다. 마치 '상자 안에 들어가서 자고 일어나면 돈을 내는' 기능에 특화된 시공간 같았다. 그 외에는 허용되지 않는 분위기가 있다.

이 호텔 한 층에는 방이 30개 있다. 17층까지 있으니 500명가량이 '상자'에 들어가는 셈이다. 상자에 들어가는 모든 사람은 체크인 기계를 지나 돈을 내고 상자에 들어가서 TV를 보고 인터넷을 하다가 목욕을 하고 나서 자고 일어나면 1층 편의점에서 산 커피와 빵을 먹고 체크아웃하면서 상자를 벗어난다. 이것의 되풀이다. 다른 무언가가 끼어들 여지는 보이지 않는다. 그러니까 이 상자는 인생을 흘려보내기 위해서만 존재한다고도 할 수 있다. 물론 내 인생도 흘려보내지고 있다.

방이 좁아 책상 폭도 얼마 되지 않았다. 책상 앞에 의자를 끌어왔더니 침대에 닿아 편히 앉을 수가 없었다. 할 수 없이 의자는 포기하고 침대 위에 앉아 노트북을 펼쳤다. 내일의 발표 자료를 준비하기 위해서다.

용어 해설

바보 | **유치원 수준 용어**

바보(阿房)라는 말은 관서 지방에서는 애정을 담아 쓰이는 용어입니다. 이 글은 나쓰메 소세키의 제자이자 아쿠타가와 류노스케의 문학 동지로 알려진 작가 우치다 햣켄(内田百閒, 1889~1971)의 명작 《제1의 바보 열차》를 패러디한 에세이입니다. 저는 학생 때부터 햣켄 선생님의 작품을 애독한 팬입니다. 최근, 물리학자인 제가 왜 선생님의 글을 좋아하는지 객관적으로 돌아보고 쓴 결과물이 이 글입니다. 용어 해설 부분에 독자에게 보내는 메시지를 올려 죄송하네요.

+ 더 알고 싶은 분에게

관련 서적(일반용) : 《우치다 햣켄 기담집》 우치다 햣켄 저, 김소운 역, 글항아리, 2024

학회 발표는 10분이다. 다행히 지난달 국제회의에서 20분짜리 발표를 했으니 그 자료를 압축하면 된다. 파워포인트 자료 한 장당 2~3분 정도 이야기하니까 10분 강연이면 표지를 제외하고 최대 5페이지다. 목차에 한 페이지, 동기-배경-계산-예측에 각각 한 페이지씩 할당하면 끝이다. 지난달 발표에서는 계산을 자세히 얘기했는데, 그 부분을 지웠더니 학회용 자료가 순식간에 완성됐다.

침대에 앉아 노트북을 만지작거리자니 우울한 기분이 든다. 등도 쭉 못 편 채로 강연 자료를 저장하고 한숨 돌린다. 지금 이곳 센다이 땅에서 수백 명의 물리학자가 같은 작업을 하고 있을 상상을 하니 더 우울해진다. 모두 작은 상자에 들어가 내일의 발표를 위해 연습하겠지.

기분이 좋지 않은 것은 아마도, 이번 학회의 발표 내용이 성공 아닌 실패 이야기인 탓도 있을 것이다. 일반적으로 모든 발표에서는 성공담을 이야기한다. 나는 거기에 반항적인 시도를 해볼 작정이었다.

사실 과학자 대부분이 실패함에도 불구하고 과학계에선 성공한 것만 논문으로 출판할 수 있다. 그런데 나의 이번 발표는 우리 연구가 약 1년 전에 특정 의문에서 시작해 그것을 따지고 들어간 결과 '실패했다'는 이야기다.

1년을 들였는데 실패하면 모든 면에서 타격이 크다. 계획이 창고로 들어갈 경우 공저자인 학생의 업적이 나올 수 없기에 학생 인생에도 영향을 준다. 사람들이 알아주지 않으면 그로부터 새로운 싹을 틔울 수도 없다. 그러니 묻혀버리는 상황만큼은 피해야 한다. 연구에는 이런 목적이 반드시 따라붙는다.

논문은 애초의 목적을 크게 변경, 수정하여 작성했다. '성공했다'는 논문으로 고친 것이다. 마치 처음부터 목적이 그랬던 것처럼 썼다는 말이다. 그리고 인쇄 견본(사전 심사 논문)을 세상에 내놓는다.

방에서 메일을 열어보니 논문의 사전 심사 결과가 도착해 있었다. 과학 논문은 으레 익명의 동료 심사자에게 정밀 검토를 받아 합격한 논문만 출판된다. 출판되는 것이 저자의 목적이다.

심사 결과를 열 때는 긴장한다. 이제부터 심사위원들과 논쟁을 벌여야 할지, 아니면 심사위원들이 우리 저자의 말을 잘 알아들어 주어 곧바로 출판할 수 있을지 모르기 때문이다. 심할 때는 몇 달 동안 심사위원과 논쟁하다가 결국 출판하지 못하기도 한다. 소모전이다.

내일 발표할 이 논문의 사전 심사 결과는, 사소한 구절만 수정하면 출판해도 좋다는 내용이었다. 얼떨떨하다. 이내 '나도 때가 묻었구나' 싶어서 또다시 우울해졌다. 출판을 위해 목적을 변경하고 수정한 논문이 심사를 통과해버렸다는 것은 '목적 변경'이라는 잔기술에 익숙해졌음을 의미하는 것 같다. 쉰이 된 나는 내 연구 목적까지 변경해도 과학계에 성과를 발표할 수 있는 몸으로 전락해 있었다.

물론 심사위원은 슬쩍 수정된 목적과 그에 대한 우리의 계산을 그저 높이 평가했을 뿐일지도 모른다. 논문 심사 시스템은 좋은 심사위원을 만나는가 아닌가에 따라 결과가 크게 바뀌어버리는 나쁜 면이 있다. 그런 우연에 일희일비해도 소용없단 걸 알만큼은 나이를 먹었다.

학회 발표 때는 당초의 목적을 제대로 밝히고 실패를 이야기하자. 그것이 내 재량으로 발휘할 수 있는 유일한 정직함이다. 살아남는단 목적에 특화된 능력을 갖추게 된 것에 어떻게든 저항하려 하고 있다.

다음 날 아침, 나는 성실하게 실패담을 발표했다. 역시 질문이 돌아왔다.

"결국 애초의 목적은 실패했군요?"

나는 "그렇습니다. 다만 그 과정에서 나온 홀로그래피 원리의 새로운 예언도 있습니다"라고 대답하고 그 예언에 관해 설명했다.

발표 후, 마음에 허전함이 스며들었다. 나중에 "발표 재미있었습니다"라고 말해주는 사람도 있었지만 사교상 하는 말이라고밖에 생각할 수 없다.

물리학회 발표를 들으면 성공담이 넘쳐난다. 모든 발표가 목적에 관한 설명부터 시작한다. 그리고 어느 정도 그 목적이 달성됐다는 증거가 장황하게 이어지다가 끝난다.

용어 해설

홀로그래피 원리(Holographic Principle) | 대학원 수준 용어

홀로그래피 원리란, 중력이 지배하는 공간 자체가 더 근본적인 어떤 것에서 창발한다고 보는 관점을 말합니다. 물리학에서는 공간을 흔히 '물질을 담는 상자'로 전제하는데, 그렇다면 그 공간은 무엇으로 이루어져 있을까요? 최근 초끈 이론이나 블랙홀 연구를 통해 실은 공간 자체가 다른 무언가로부터 홀로그램처럼 구성된 결과라는 아이디어가 활발히 검증되고 있습니다. 홀로그래피 원리를 통해 우주의 시작이 이론적으로 규명될 날이 올지도 모르겠습니다.

나는 발표를 들을 때 그 발표의 진정한 목적을 찾아본다. 목적을 꾸몄다는 것이 명백할 때가 있다. 목적의 수준이 몹시 낮아질 때도 있다. 결국, 과학의 성과 발표는 꾸며져 있다. 특정한 목적이 있었던 것처럼 하고 그것을 달성한 형태로 나중에 포장하기. 이런 경우가 존재한다는 걸 과학자들은 안다.

연구자는 성과가 없으면 살아갈 수 없다. 성과란, 논문이다. 논문에는 성공한 내용만 쓸 수 있다. 그리고 논문에 적힌 목적은 다른 과학자들도 동의할 만큼 '중요한' 목적이어야 한다. 그렇게 되도록 목적이 꾸며지고 이를 숨긴 형태로 논문이 만들어진다. 다들 살기 위해 그럴 것이다.

학회는 거짓 목적 투성이라고 느꼈다.

발표를 끝내고 메일함을 열어보니 산맥 선생한테서 연락이 와 있었다.

「하시모토 선생님, 일반 좌표 대칭성 이야기를 듣고 싶은데 화요일에 시간 되실까요?」

지지난 주 산맥 선생과 히말라야 선생과 셋이서 커피를 마시며 목적 없이 나누던 잡담 주제가 메일에서 말하는 일반 좌표 대칭성이다. 산맥 선생은 강연 뒤의 내 기분 따위는 상상 못하는 것이 틀림없다. 그게 좋다.

주저없이 회신했다.

「합시다. 히말라야 선생도 같이.」

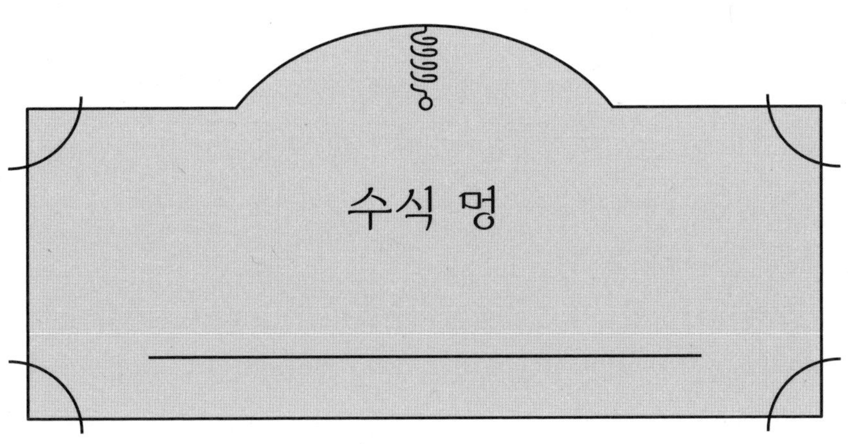

수식 멍

일반적으로 수식을 칠판에 쓸 때는 상당한 준비가 필요하다. 목적에 부합하는 수식을 위한 사전 조사를 해야 하고 로드맵을 생각해야 한다. 그러나 이번에는 별다른 목적이 없다. 거기에 이르는 길이 어떻든지도 상관없다. 칠판이 수식으로 가득 차기만 하면 된다.

다만, 그렇다 해도 수식을 뽑아내는 데 몇 시간이나 걸려서는 두 선생에게 미안할 따름이다. 백지의 칠판을 앞에 두고 가만히 커피만 홀짝이는 일도 기껏해야 한 시간이 한계일 것이다. 따뜻한 커피를 즐기려면 한 시간에 다섯 잔은 마실지도 모른다. 그러면 배탈 난다. 한 시간이 넘어가면 수식 없는 칠판 앞에 앉아 고통만 당할 게 뻔하다. 그러려는 게 아니다.

이 넓은 칠판을 수식으로 채우려면 빨리 써도 두 시간은 걸릴 것이다. 무엇을 쓸지도 정하지 않았으니 채우는 데 며칠이 걸릴 수도 있다. 그 또한 고통이다. 채우기만이 절대적인 목적이 되어버리면 즐길 수가 없다. 아무리 너그러운 히말라야 선생이라도 "이건 재미가 없네요"란 말이 나올 것이다.

그래서 나는 칠판에 쓸 수식의 내용을 미리 생각하기 시작했다. 하지만 지금은 쓰면 안 된다. 노트 같은 데 적어버리면 나중에 칠판에 같은 내용을 쓸 때 기억을 더듬게 될 테니 그리되면 한 번 쓴 수식을 되살리는 작업으로 전락해버린다. 그건 단순 작업이다. 발표 때의 칠판 필기는 단지 기억을 살려서 적는 것이다. 이건 쉬운 작업이며 목적이 정해져 있기에 효율만이 중요한 요소다.

그러니 목적 없이 수식을 쓰고 칠판을 채우려면 수식을 미리 적어두면 안 된다. 그 수식들은 칠판에 처음 적는 것이어야 한다.

센다이에서 돌아오는 버스와 전철, 비행기 기내가 딱 좋았다. 머릿속에 두 선생들과 나눴던 잡담이 떠오른다. 눈앞에 수식 기호들이 둥실둥실 떠오르기 시작한다. 머릿속에서 수식을 이리저리 주물러본다. 이항도 해보고, 변형도 해보고, 적분도 해본다. 답답하다. 하지만 노트에 쓰지는 않는다.

수식의 바탕이 되는 이미지 도식을 그려본다. 지금은 기계학습에 필요한 신경망 이미지를 상상하고 있다. 유닛을 더하거나, 없애거나, 층 수를 늘리거나, 가중치 결합을 바꾸어본다. 무한의 극한도 자유자재다. 노트에 쓰여 있지 않으니까 말이다.

따로 어떻게 하려는 목적도 없다. 단지 온갖 변형 가능성을 시험한다. 그러다 보면 수식이 정리되기 시작한다. 흠, 변형했는데도 원래대로 돌아가고 있네. 재미있다. 도중에 뭔가를 간과한 것 같다. 놓친 것을 찾는 과정은 매우 즐겁다. 계산을 잘못했을 수도 있다. 그래, 노트에 쓰지 않고 머릿속에서 하는 거니까 틀릴 수밖에 없지. 하지만 직감적으로, 이건 계산 착오가 아니라 본질적인 부분을 간과한 것 같은 생각이 든다. 간과한 점이 있다는 걸 깨닫는 게 즐겁다.

비행기 안에서 생각을 시작했더니 창밖 경치가 너무 아름다워 수식이 사라져버렸다. 어쩔 수 없이 반대편으로 눈을 돌리니 옆 좌석의 젊은이가 수식을 쳐다보고 있다. 얇은 소프트 커버로 싸인 책을 무릎 위에 펼치고 '환경공학' 장이 펼쳐진 채 투박한 손가락으로 수식을 천천히 따라가고 있다. 가끔 손가락이 멎는다. 기내의 희미한 램프 아래서 숫자를 읽으려면 손가락으로 더듬는 게 좋을 수 있겠다. 나는 그 수식이 신경 쓰여 결국 흘끔흘끔 훔쳐보는 신세가 되고 말았다.

왼쪽에는 아름다운 경치, 오른쪽에는 아름다울지도 모르는 수식.

어느 쪽이든 도망칠 수 없다. 결국 잠이 들어버렸다.

집에 돌아와 밥을 먹는 동안 수식 명상에 빠져들었나 보다.

"당신 피곤하구나. 어서 가서 자."

아내의 목소리에 정신을 차린다. 오랜 세월 함께한 아내는 내가 연구 공상에 빠져있으면 곧바로 감지해내는 능력이 있는데 이때만은 피곤하다고 판단했나 보았다. 아마도 정말 지친 모양이다. 칠판을 수식으로 가득 채울 내일을 위해 일찍 잠자리에 들기로 했다.

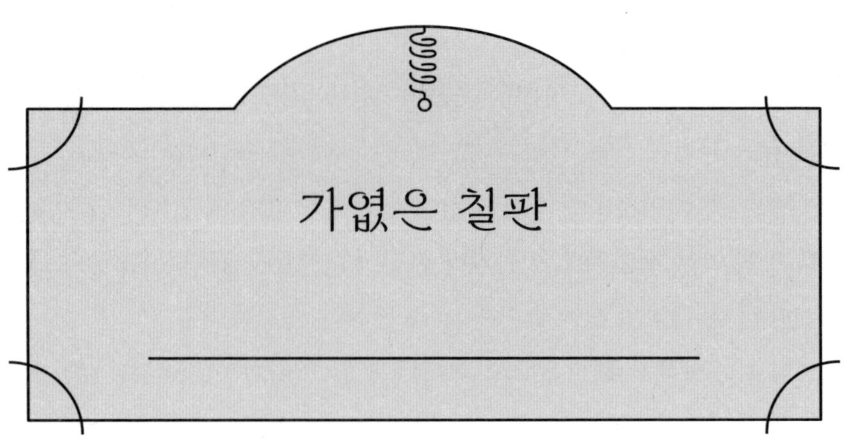

가엾은 칠판

다음날 아침, 의기양양하게 연구실에 출근한 나는 드넓은 칠판을 보고 아차 싶었다. 칠판에는 이미 다른 사람이 쓴 수식이 빼곡했다. 대부분은 지난주 (목적이 있는)공동 연구 회의 때 독일인인 호이슬 선생이 휘갈긴 수식이다. 그가 칠판을 채운 방식이 마음에 든다. 왼쪽에 빈 부분이 조금 있다. 내가 여기를 채우면 가득 차게 되겠지?

하지만 그러면 안 된다. 목적 없이 수식을 써서 칠판을 채울 참인데, 처음부터 목적을 가지고 쓴 수식이 가득한 칠판을 활용할 수는 없다. 치사해질 순 없지. 칠판지우개를 쥐고 호이슬 선생이 쓴 수식을 정성 들여 지우기 시작했다.

그러자 대번에 호이슬 선생의 손자국이 드러난다. 그랬다. 선생은 한 손을 칠판에 대고 수식을 쓰는 습관이 있다. 그러니 손의 유분이 칠판에 묻어 있었을 것이다. 칠판에는 마치 그림 자욱처럼 수많은 손자국이 남았다. 이래서는 수식을 쓰는 데 집중할 수가 없지 않은가.

어쩔 수 없이 걸레에 물을 적셔 선생의 손이 남긴 유분기를 쓱쓱 문질러 지운다. 이 일도 재미는 있었다. 상하좌우로 마구 문지르다 보니 조금씩 유분이 닦이면서 손자국도 사라졌다. 하지만 물러나서 다시 보니 손자국을 지운 곳만 묘하게 동동 뜨는 것 같다. 어쩔 수 없이 칠판 전체를 물걸레로 닦아내는 신세가 됐다.

몰라보게 깨끗해진 칠판을 바라보며 그 위에 수식을 써 내려가는 모습을 상상했다. 이렇게 광활한 칠판도 한 번 쓰기 시작하면 자리가 부족할 것이다. 칠판을 채웠다가 다시 지우기를 반복할지도 모른다. 뭐, 그건 그것대로 지극한 행복이다.

그리하여, 약속한 오후 시간이 되자 나는 산맥 선생과 히말라야 선생을 초대하러 연구실 휴게실에 얼굴을 내밀었다. 마침 두 선생 외에 대학원생 여러 명이 커피를 마시고 있었다. 그 자리에서 엉겁결에 학회에서 실패담을 발표한 사실을 말하고 말았다. 목적이란 게 너무도 당연한 학회 발표를 다들 어떻게 생각하는지 물어보고픈 작은 호기심이 고개를 든 것이다.

그랬다가 2시간이나 그 일로 토론이 벌어졌다. 휴게실에서 과학의 바람직한 자세에 관해 이야기 나누는 건 매우 즐겁다. 또 젊었을 때 이런 논의를 해보는 것도 아주 중요하다. 하지만 그날, 목적 없는 수식 채우기를 진심으로 기대하고 있던 난 나 자신으로 인해 수식 여행의 출발 연기, 다시 말해 '다음 기회에'가 된 것에 망연자실 텅 빈 칠판을 바라보았다.

아무것도 쓰이지 않은 칠판은 말없이 분필 소리만을 기다리고 있었다. 몹시도 가여웠다.

하지만 친구가 남긴 명언 중 “콜라는 마시기 전이 가장 맛있다”라는 말이 떠올랐다. 지금처럼 기다림의 시간을 잘 보내는 것이야말로 가장 의미 있게 시간을 보내는 법일지도 모른다.

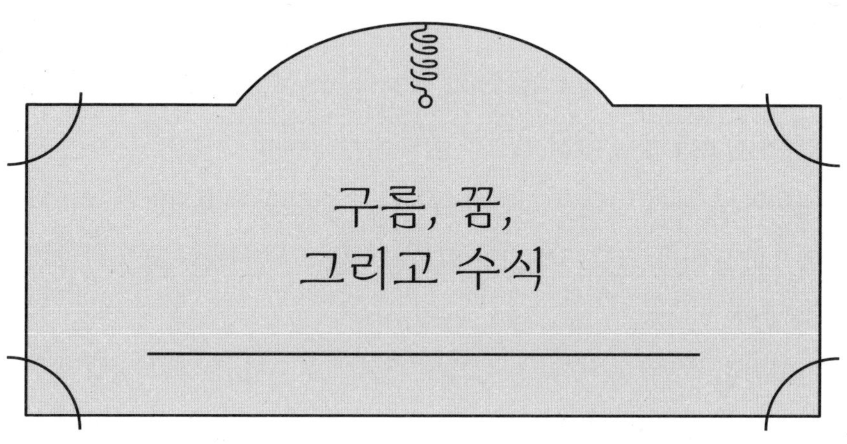

구름, 꿈, 그리고 수식

이틀 뒤 오후, 나는 휴게실에서 커피를 마시던 산맥 선생과 히말라야 선생을 불러들였다. 기다리고 기다리다 이젠 지쳤다. 그들이 내 방에 들어오자마자 다짜고짜 "일반 좌표 변환 얘긴데, 한번 들어봐요" 한마디 던지고는 하고로모 분필을 집어 들었다. 어떤 수식부터 쓸지 하는 망설임도 없었다. 목적이 없으니 수식이 술술 나온다. 목적이 없으니 실패도 없다. 자유롭고 정확하게 식을 변형한다.

산맥 선생은 때때로 "그렇죠!" 하고 맞장구 쳐준다. 그 덕에 수식은 더 술술 써진다. 분필이 닳는 느낌까지 이보다 좋을 수 없다.

그나저나, 독자 여러분께는 이 바보 수식 이야기에 함께해주셔서 정말이지 감사하다. 지금 막 쓰기 시작했는데, 이제부터 칠판 구석구석을 수식으로 채워나가는 이야기를 이 진도로 계속 나가면 어찌 될까. 나야 원래 좋아하는 이야기니 민폐가 되든 어쩌든 이어갈 수 있지만 이 원고가 실릴 잡지 마감이 임박한 상황에서 미적거리다가는 큰일이다. 칠판이 마감되기 전에 잡지사가 마감을 선언해버릴 우려가 있으니 말이다. 그래서 웬만한 일은 생략하고 휭 하니 속도를 내보기로 한다.

칠판의 3분의 2가량이 수식으로 채워졌을 무렵, 문제가 발생했다. 눈앞을 이리저리 날아다니던 수식이 급브레이크를 밟더니 나의 출발 신호를 기다리는 시점이 온 것이다. 그도 그럴 것이, 목적이 없는 상황이라 눈앞의 경로들 중 어느 쪽으로 가야 할지가 자동으로 정해지질 않았다. 산맥 선생과 히말라야 선생도 잠자코 칠판을 보고 있다.

그대로 가만히 분필을 쥐고 있자니 손에서 땀에 배어나기 시작했다. 분필을 손바닥 위에서 또르르 또르르 굴려본다. 그 모습을 보던 히말라야 선생이 소파에서 일어났다.

"이런 간단한 예로 살펴보면 좋을 것 같은데요."

히말라야 선생은 또 하나의 하고로모 분필을 들고 또각또각 수식을 칠판에 쓰기 시작했다. 출발 신호가 켜졌다.

산맥 선생도 질세라 한마디 거든다. 체격 좋은 산맥 선생은 말투부터 힘이 넘친다. 히말라야 선생은 거기에 답하려 하지만, 특유의 말버릇 때문에 우리를 애태우기만 한다.

산맥 선생이 결국 참지 못하고

"먼저 결론부터 말해주세요!"

하고 재촉하면, 히말라야 선생은

"그러면 재미없잖아요"

라며 느긋하게 수식을 이어나간다. 마치 만담을 보고 있는 듯하다.

결국 칠판의 나머지 3분의 1은 히말라야 선생이 메우고 말았다. 키가 커서 칠판의 맨 위까지 쓴 점이 그에겐 특히나 만족스러운 것 같다.

"이제 쓸 데가 없는데 어디를 지울까요?"라고 히말라야 선생이 묻는다. 지우기는 아까우니 오늘은 여기까지 하는 것으로 마무리됐다.

목적은 없었지만 칠판에 쓰다 보니 몇 가지 의문이 뭉게뭉게 피어났다. 하지만 마냥 수식을 이어간 탓에 궁금증이 해소될 기미가 보이지 않는다. 이런 느낌도 나름대로 유쾌하다.

칠판을 수식으로 가득 채운 우리 셋은 뿌듯해하며 헤어졌다. 머릿속에 아직 수식이 춤을 추고 있다. 당분간 이 춤은 계속될 것 같다.

조만간 종착역이 보일지도 모르고, 구름처럼 사라져 한낮의 꿈이 될지도 모른다. 어느 쪽이든 좋다.

다음날 히말라야 선생이 나를 보고 그 쾌활한 목소리로 말했다.

"하시모토 선생님, 어제 그거 풀렸어요!"

(2023년 12월)

모든 잡념이 사라지고 준비가 끝난 칠판.
오른쪽에는 청소하는 분께 남기는 말.

한바탕 끝낸 뒤의 칠판. 오른쪽 3분의 2는 내가 썼다.
왼쪽 3분의 1은 히말라야 선생의 독무대였다.

Postlude
일상 속 사고법

팬티와 뇌

팬티 옆이 닳아서 마침내 작은 구멍이 났다. 아직 충분히 입을 수 있을 것 같아 계속 입었다. 그랬더니 점점 구멍이 커지기 시작했다. 처음에는 반경 1밀리미터 정도의 작은 구멍이었는데, 어느새 1센티미터로 커지더니, 오늘은 드디어 주먹이 들락날락할 만큼 커져버렸다. 아직 고무는 멀쩡하고 팬티의 기능도 하고 있다. 그래, 오늘도 입자.

그러고 입기 시작하는데, 이 상황이 무언가와 비슷하다는 생각이 문득 뇌리를 스쳤다. 뭐지?

구멍 난 팬티를 입은 채 잠시 곱씹어보니, 답이 떠올랐다. 맞다, 이거 '금붕어 잡기 종이'랑 비슷하구나.

축제 때 금붕어 잡기를 하러 가면 종이 필터를 건 작은 뜰채를 준다. 처음에는 종이 필터의 구멍이 작지만 건지기 횟수가 늘수록 구멍은 점점 늘어난다. 그래도 금붕어가 빠져나가기 직전의 아슬아슬한 순간까지 그대로 쓴다. 지금 입고 있는 팬티랑 똑같지 않은가? 즉시 그 유사성을 아내에게 보고해보았다. 아내는 뒷걸음질을 치며, 유사성은 아무래도 좋으니 구멍 난 팬티를 버려달라고 했다.

하지만 내 머릿속은 '팬티'와 '금붕어 잡기 종이'라는 전혀 다른 두 가지 개념이 어째서 내 뇌 속에서 연결된 것인지, 신기하다는 생각으로 가득 차 있었다.

분명 이런 희한한 연상 작용이 일어난 경험이 몇 번 있다. 오래전 독일 친구를 방문했을 때의 일이다. 부부가 집에 나를 초대해주었기에 주방을 잠시 빌려 일본 떡 '와라비모치'를 만들어준 적이 있다. 하얗고 반투명하고 탱글탱글한 작은 경단 위에 콩가루를 잔뜩 뿌려 먹음직스럽게 완성했다. 다 만든 와라비모치를 친구 부모님께 드렸더니 소감을 한마디 들려주셨다.

"모래사장에 떠밀려 온 해파리인 줄 알았어."

순간 일동은 폭소를 터뜨렸다. 친구 부모님은 와라비모치를 본 적이 없었으니 당연할지도 모른다. 그런데 이상했던 것은, 나는 와라비모치도 봤고 모래사장에 떠밀려 온 해파리도 봤는데, 그 둘이 뇌 속에서 연결된 적이 전혀 없다는 사실이다.

당시에 터진 폭소는 TV에서 코미디언들이 생각지도 못한 상황에 재치를 살리는 걸 보고 웃는 것과 비슷할지 모르겠다. 원래 뇌에 기억된 영상은 앞뒤 상황과 같이 기억되기 때문에 순간적인 이미지의 유사성만으로 비슷한 이미지가 연상되는 일은 드물다. 안 그러면 머릿속이 엉망진창이 되어버리기 때문이다. 내 머릿속에서 모래사장에 떠밀려 온 해파리를 본 어린 시절 기억과 와라비모치를 처음 만든 어린 시절의 기억은 각각 다른 상황과 함께 뇌 속 전혀 다른 곳에 저장되어 있었을 것이다.

특히 어린 시절에는 뭘 따지지 않고 단어 자체를 기억해버리는 경향이 있는 듯하다. 아이들한테는 상식이 형성되어 있지 않기에 우선 상식 자체를 형성하기 위해 조금 이상하게 느껴지는 말이라도 일단은 기억하는 것이 아닐까?

얼마 전 참치캔 '씨치킨'이 '씨(바다)'와 '치킨(닭고기)'으로 분해될 수 있는 단어 조합이란 걸 깨닫고 혼자 깜짝 놀란 적이 있다. 태어나서 40년 넘게 그 점을 전혀 깨닫지 못한 채 수백 번 씨치킨을 먹었다. 이게 대체 무슨 일인가. 그 밖에도 맨홀이 맨(사람)이 들어가는 홀(구멍)이었다는 것 등, 영어로 맨홀을 말해야 하는 어떤 순간을 맞아서야 의미를 깨닫게 된 단어들이 많다. 맨홀이든 씨치킨이든 어릴 때는 따지지 않고 기억했으니 '맨', '치킨' 같은 단어를 나중에 배우고도 유사성을 깨닫지 못한 것이다.

인간에게 번뜩임은 왜 생기는 걸까. 물리학자인 나는 새로운 물리학적 깨달음이 번뜩이는 순간을 중요하게 여긴다. 하지만 이렇게 생각하다 보면, 인간은 왜 번뜩이지 않는지 쪽을 아는 것도 중요해 보이기 시작한다.

뇌 속 신경세포 사이의 결합은 끊임없이 굵어졌다 가늘어졌다 한다. 어느 한 곳이 굵어지면 그 신경세포가 연결하는 개념들은 서로 더 쉽게 연상될 것이다. 뇌의 이러한 유연성을 어떻게 단련해야 하는지는 잘 모르겠다. 하지만 적어도 '팬티'와 '금붕어 잡기 종이' 사이의 연

상은 내 인생을 분명 더 재미있고 풍요롭게 만들어주고 있다

딸이 눈을 반짝거리며 "수수께끼 놀이 하자!"라고 말한다. 그래, 해볼 만하지. 초등학생한테 연상력으로 질쏘냐. 신경세포 개수로는 지더라도, 연결만큼은 지지 않아!

안타깝게도 딸아이가 낸 첫 문제에서 내 자존심은 산산조각났다.

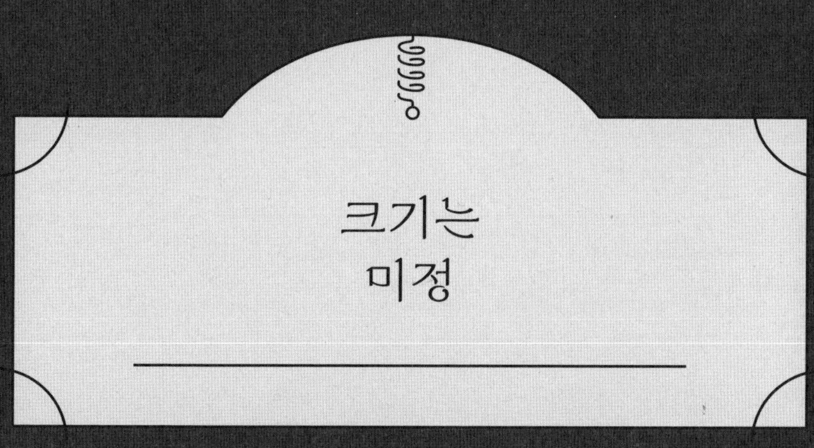

크기는 미정

인터넷 쇼핑은 곤란하다. 상품의 실제 크기가 잘 감이 오지 않기 때문이다.

얼마 전 모바일 장보기로 간장을 주문했다. 큰 페트병에 담긴 간장 사진을 클릭하면서 "이걸로 반년은 간장이 떨어질 일 없겠어" 하고 안심했다.

그런데 막상 배송된 간장을 받아보니 한 손바닥에 올라가는 작은 페트병이었다.

어쩐지 싸다 싶었다. 2리터짜리 간장 한 병이 200엔일 리가 없잖아. 잘 생각해보면 알 수 있었을 텐데, 홈페이지 사진만 보면 집에 있는 2리터짜리 페트병과 모양이 완전히 똑같았다. 그 때문이다. 착각해서 미니 페트병 간장을 사버린 것이다.

손바닥만 한 간장은 일주일 만에 동이 났다. 빈 병을 손에 들고 잠깐 생각에 잠겼다. 용량도 눈치채지 못하고 산 내가 너무 덤벙대는 걸까?

하기야 전에도 이런 경험이 있었다. 평소에 먹는 1킬로그램짜리 꿀을 샀다고 생각했는데 도착한 물건은 손바닥 크기였다. 소금을 샀을 때는 반대였다. 봉지에 담긴 '리필용' 소금이 테이블 솔트 정도인 줄 알았더니 도착한 걸 보니 쌀포대만 했다. 아, 분해라. 다 쓰는 데 10년은 걸릴 것이다.

사진을 보고 크기를 착각해버린 실패담이 줄줄이 떠오른다. 10여 년 전 한국 출장 때의 일이다. 서울 시내에서 일식이 먹고 싶어진 나는 패스트푸드풍의 작은 초밥집에 들어갔다. 메뉴는 한글이라 읽을 수 없지만 음식 사진이 여기저기 걸려 있었다. 초밥 열 개짜리 세트가 500엔, 싸다! 내가 좋아하는 참치와 방어도 있었다. 그 자리에서 주문했다. 잠시 기다린 뒤 초밥 세트가 나오는 걸 보고 깜짝 놀랐다. 초밥 한 점의 길이가 2센티미터 정도밖에 되지 않는 것이다. 살면서 본 적 없는 미니 초밥. 배도, 마음도 영 채워지지 않았다.

사진 크기를 착각했다가 감동한 일화도 있다. 언젠가 읽은 물리학 논문이 흥미로워 저자에게 감상을 메일로 보내봤다. 저자와는 만난 적도 얘기한 적도 없는 사이다. 그저 과학만으로 연결된 것이다. 상대에게서 매우 정중한 답장이 왔는데 몇 가지 질문도 포함돼 있었다. 곧바로 메일로 오가는 물리학 토론이 시작되었다. 이후 우리는 다양한 물리 계산 결과를 주고받는 사이가 됐고, 결국 함께 논문을 집필했다. 전 과정을 인터넷상에서 교환하며 완성했고 논문은 세상에 출판되었다. 그러고 나니 '이 사람은 어떻게 생겼을까?' 하는 흥미가 생겼다. 인터넷을 검색하자 본인 홈페이지에 사진이 있었다. 생각보다 나이가 많은 상냥해 보이는 얼굴이었다.

그로부터 반년 후, 도쿄에서 열리는 국제회의에 그가 참석한다고 메일이 왔다. 나도 참가한다는 답장을 보냈고 우린 회의장에서 만나기로 했다. 약속 당일, 넓은 회의장의 맞은편 끝에 사진으로 본 얼굴이 있었다. 상대도 나를 알아차리고 달려왔다. 우리는 회의장 입구에서 서로 껴안고 악수했다. 손이 무척이나 컸다. 그렇다. 그는 거구의 남성이었다. 사진으로 전해지는 인상과 본인은 동떨어진 느낌이었는데, 그 점이 내게는 어쩐지 기뻤다. 사진만 보고 실제 크기를 오해함으로써 생기는 기쁨도 있는 것이다.

크기 개념에 너무 무심하면 때때로 실수가 벌어지기도 하지만, 사실은 행복한 일이다. 20년 전 학창시절만 해도 이론 물리학자는 모두 무거운 배낭을 메고 다녔다. 배낭 안에는 엄청난 양의 논문과 교과서, 계산 노트가 들어 있었다. 그런데 지금은 그 모든게 손바닥에 쏙 들어가는 태블릿 단말기 하나에 담긴다. 이론 물리학자는 매우 가뿐해졌다. 연구 교류도 훨씬 쉬워졌다. 수십 년 전 어느 물리학자가 수천 권의 책을 한 손에 들고 다니게 될 거라고 상상했겠는가?

소유할 수 없는 것을 작게 만들어 소유하기. 기차 모형 취미도 그 예다. 너무 크거나 너무 멀어서 보이지 않는 것을 화면으로 보기. 지금은 지구 반대편 골목의 모습까지 바로 인터넷 지도로 볼 수 있다.

과학은 보이지 않는 것을 보이게 한다. 과학이 퍼져나가고 새로운 관점이 세상의 상식이 되면 세상이 보이는 모습도 달라진다. 그렇게 인간은 커다란 힘을 손에 넣어간다.

손바닥만 한 텅 빈 작은 간장병을 보면서 나는 작은 행복을 느꼈다. 간장을 잘못 산 이 착오조차 확실한 과학기술의 진보를 의미하고 있기에. 노벨상을 받은 난부 요이치로는 미시 세계의 초전도를 우주 전체에 적용해버렸다. '크기'라는 상식의 장벽을 넘어선 곳에 새로운 과학이 존재한다.

거대 슈마이의 최적화

지름 20센티미터의 거대 슈마이◑가 완성되었다. 아내와 그것을 멍하니 바라보았다. 자, 이걸 어떻게든 먹어보자.

슈마이는 한입에 쏙 들어가는 크기로 하나씩 정성스럽게 만두피에 싸였다. 모두 서른 개 정도다. 프라이팬에 찌는 단계가 되었다. 요리책에는 찜통에 슈마이를 하나하나 띄워 놓으라고 되어 있었다. 하지만 간격을 너무 띄우면 프라이팬에 다 들어가지 않아서 두 번에 나눠 쪄야 한다. 그래서 아슬아슬하게 전부 넣은 다음 한 번에 쪘다. 그랬더니 모든 슈마이가 완전히 연결된 형태로 완성되었다. 뜻밖의 거대 슈마이가 나타난 것이다.

어떻게 하면 이런 실패를 피할 수 있었을까? 물론 "한 번에 찌지 말고 두 번에 나눠 찌면 된다"라고 할 수도 있지만, 그것은 답이 아

◑ 원기둥처럼 생긴 중국식 찐만두.

니다. 왜냐하면 두 번째 팬을 찔 무렵에는 처음 찐 슈마이가 식어버려서 온 가족이 따끈따끈한 음식을 먹는다는 목적을 달성할 수 없기 때문이다.

그렇다면 찜통을 큰 걸로 사면 되지 않을까? 아니, 그것도 답이 아니다. 슈마이를 매일 만드는 것도 아닌데 1년에 몇 차례 행사를 위해 큰 찜통을 주방에 둘 여유는 우리 집에 없다.

여기서 필요한 것은 바로 수학이다. 프라이팬 안에서 슈마이끼리 들러붙으면 안 되지만 그렇다고 가족의 배를 채울 슈마이의 총 부피를 줄일 수도 없다. 어떻게 할 것인가?

간단하다. 부피를 같게 유지하면서 바닥 면적을 줄이면 된다. 즉, 원기둥 높이를 늘리면 되는 것이다. 답은 '키가 큰 슈마이'다.

신이 났다. 원리만 따진다면, 무한히 길쭉하게 만들면 무한개의 슈마이를 프라이팬에 놓을 수 있게 된다. 물론 뚜껑을 덮어야 하니 팬의 높이보다는 낮게 만들어야 한다는 한계는 존재한다.

좋아, 해볼까? 물리학은 실험과 이론의 학문이다. 실험을 해봐야 이론이 옳다는 증명을 할 수 있다. 그러나 단칼에 생각을 접었다. 이 이론이 옳다면 왜 판매되는 슈마이는 더 길쭉하지 않은가 말이다. 이론에 약점이 있는 것이다.

일단 너무 가늘고 긴 슈마이는 세우기가 어려울 것이다. 물리학적으로도 안정적으로 설 수 있는 슈마이가 아니면 결국 쓰러져서 옆 슈마이와 붙어버린다. 본말이 전도되는 것이다. 따라서 슈마이는 증기 흐름에 흔들리는 정도의 섭동(攝動 미세한 교란)에 견딜 수 있는 굵기라야 한다.

다음으로, 슈마이의 만두피 문제가 있다. 슈마이를 극한까지 길쭉하게 늘린다면 부피를 일정하게 유지할 경우 표면적이 무한히 커져 버린다. 즉, 만두피가 무진장 소비되어 가성비가 나쁘다. 만두피 모양이 찌그러져 버리는 문제도 있고 말이다.

역시나, 이런 현실 문제를 해결하기 위해 슈마이는 그런 높이였던 거구나. 성공할 수 없는 설계였던 거였어. 푹 한숨을 내쉬었다.

만두피 면적을 너무 늘리지 않고 슈마이를 가늘게 만들고 싶다. 프라이팬 안의 슈마이 배치도 문제다. 잘 쪄지면 그만이니 애초에 슈마이가 원기둥꼴일 필요도 없다. 하지만 한입에 쏙 먹고 싶은 욕구가 있으므로 입에 들어갈 만한 크기가 좋다.

이런 종류의 수학 문제는 풀기가 매우 어렵다고 알려져 있다. 예를 들어, 수학의 미해결 문제 중에 '소파 문제'가 있다. 직각으로 휘어진 복도 모퉁이를 지날 수 있는 가장 큰 가구는 어떤 형태인가 하는 문제다. 초등학생도 이해할 수 있는 이 문제, 현재로서는 수학적으로 증명된 답이 발견되지 않았다.

슈마이가 '지름과 높이가 같은 값의 원기둥' 형태를 취하는 이유는 이러한 최적화 문제를 인간이 시행착오를 겪어가며 경험적으로 풀어낸 결과일 것이다. 최적화 문제를 해결하려면 상당한 횟수의 실험이 필요하다. 그런 생각으로 슈마이를 바라보니 인류의 장대한 역사가 같이 떠오르는 듯했다.

우리 인간은 무의식중에 온갖 '최적화'를 실시했다. 지하철역까지 가장 빨리 가려면 어떤 경로를 걸어야 할까? 집의 가구 배치를 어떻게 하면 가족 모두가 만족할까? 밥반찬은 어떤 순서로 먹어야 가장 맛있을까?

인공지능은 학습 데이터를 통해 신경망을 최적화하고 학습한다. 즉 복잡한 최적화 문제에도 컴퓨터가 보다 높은 능력을 발휘하게 된 것이다. 그런 시대에, 인간에게 남은 것은 최적화하는 새로운 평가 기준을 개척하는 일, 즐거움의 '새로운 차원'을 창출하는 일이다. 그러려면 일단 최적화를 과감히 무시하고 무모한 체험에 뛰어드는 게 가장 효과적이다.

거대한 슈마이가 식탁 위에 올라간 그날은 달라붙은 만두피를 서로 쟁탈하는 매우 즐거운 저녁 식사가 되었다. 이런 체험이야말로 최적화의 차원을 높이며, 인공지능은 가질 수 없는 인간만의 삶의 재미를 늘리는 일이리라.

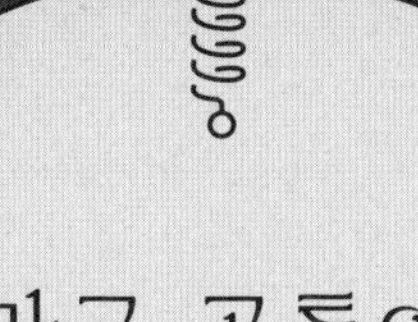

만국 공통어 알기

헬싱키 공항에서 환승을 기다리는 한 시간을 틈타 이 글을 쓰고 있다.

스웨덴 스톡홀름의 북유럽 이론 물리학 연구소에서 열린 연구회에 참석해 발표를 하고 돌아가는 길이다. 솔직히 말해, 물리학 연구가 이토록 국제적일 거라고는 대학생 시절까지는 생각해본 적도 없었다. 연구자가 되고 나서 벌써 백번은 해외로 나간 것 같다.

물리학이 국제적이라면 머릿속이 거의 물리로만 가득 찬 나는 국제인인 셈이다. 뜻밖에 국제인이 돼버린 데에 후회는 없다. 오히려 즐기고 있다.

대학원에 진학했을 무렵 가장 먼저 고생한 것은 영어였다. 당연하다. 물리학 전공책이나 최첨단 논문은 영어로 쓰여 있다. 과학은 전 세계에서 연구되고 있으니까. 하지만 영어가 서툴렀던 나에게는 상당한 고통이었다. 대학교 영어 강의 시간에 연극 대본을 읽어야 했는데 조금도 흥미를 느끼지 못해 두 페이지쯤에서 나가떨어졌다. 기출문제를 입수해 어떻게든 학점은 땄지만 영어를 못한다는 열등감만 쌓였다.

하지만 '좋아하면 잘하게 된다'는 말은 정말 맞다. 물리 교과서와 논문의 영어를 대할 때면 한 줄 한 줄마다 새로운 물리적 사고방식과 수식의 전개 방식이 머리에 스며들었다. 영어를 몰라도 수식이 이해를 끌어준다.

말하자면, 논문은 만화와 같다. 영어 학술논문을 읽을 때는 첫장부터 차례로 읽지 않는다. 우선 논문 곳곳에 흩어져 있는 수식을 살펴본다. 때로는 그림이나 그래프도 참고하면서 수식을 끝까지 살핀다. 그러면 저자가 어떤 물리를 하고 싶은지, 무엇을 보여주고 싶은지를 대강 알 수 있다. 그런 다음에야 글을 자세히 읽는 단계로 들어간다.

'수식'이라는 만국 공통어는 너무도 편리하다. 말은 통하지 않아도 수식은 통한다. 국제연구회에서 말하는 연사는 모국어가 영어가 아닌 경우도 많다. 프랑스 억양이나 인도 억양 등이 나오면 알아듣기가 어렵다. 하지만 일단 수식을 쓰기 시작하면 단숨에 그 연사의 머릿속이 내 머릿속과 동기화된다. 말이 통하지 않아도 수식이 통하기 때문이다.

물리학만으로 언어와 관습이 다른 외국인과 친해질 수 있다는 것은 신기한 체험이다. 예전에 나는 만난 적도 없고 대화해본 적도 없는 미국인과 공동으로 논문을 써서 출간한 적이 있다. 수식을 통해 마음을 통할 수 있다는 증거일 것이다.

이번 스톡홀름 연구회도 여느 때처럼 처음 만나는 연구자들과 즐겁게 시간을 보냈다. 무서운 사실은, 이 정도로 세계가 넓으면 나와 비슷한 아이디어를 가지고 연구하는 사람이 어딘가엔 있다는 점이다. 과학은 제일 처음 논문 형태로 만든 사람이 중요하기 때문에 같은 연구를 하는 사람이 있을 때는 매우 신중할 수밖에 없다. 전 세계 물리학자들은 전쟁 중이다.

내 전공 분야에서만 매일 수십 편의 논문이 세상에 나오고 있다. 전 세계에서 일각을 다투며 연구가 계속되는 중이다. 학생 때는 물리학자가 이런 직업이라고는 생각도 못 했다. 상상 속의 물리학자는 혼자 틀어박혀 연구에 몰두하고 누구의 간섭도 받지 않고 아무 데도 나가지 않고 그저 거대 문제와 혼자서 씨름하는 그런 직업이라고 생각했다. 물론 그런 학자도 있겠지만, 지금의 이론 물리학자인 나는 상당히 다르다. 그리고 그런 점을 즐기고 있다.

처음으로 해외 발표에 초청해준 나라는 한국이었다. 동갑내기 대학원생을 만났다. 그가 데리고 간 서울의 한 어묵집에서 삶과 문화, 역사에 관해 다양한 이야기를 나눴다. 그때 비로소 '나라가 다르다'는 것이 어떤 것인지 알게 되었다.

공동 연구를 몇 년이나 계속하고 논문을 여러 편 함께 쓴 뒤에야 서로가 출생연도와 생일까지 같다는 사실을 알게 된 적도 있다.

그렇게 함께 논문을 쓰고 친구가 된 사람이 세계에 잔뜩 있다. 만약 이론 물리학자가 되지 않았다면 이렇게 세상과 연결되지 못했을 것이다.

책상 서랍에 십여 개국의 화폐가 조금씩 들어 있다. 그 서랍을 열 때마다 "언제든지 내 친구를 만나러 갈 수 있다"고 마음속으로 되뇌곤 한다.

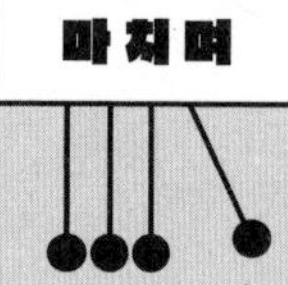

마치며

혼자 조용히 책을 읽는 것—이보다 행복한 일이 또 있을까요. 어느새 양볼은 풀어지고 나도 모르게 킥킥거리게 되는 순간들이 파도처럼 몰려올 때마다 중독성을 느낍니다. 앗, 이 책이 '마약'인지 아닌지는 여러분이 이 다음에 어떤 책을 손에 집어 드는지로 판명 날 것입니다. 그 책에 이과 단어가 조금이라도 실려 있다면, 이 책의 효능이 진짜였다는 작은 증거일지도 모릅니다.

이 책을 읽어주신 여러분은 이미 한 사람의 물리학자인 제 인생의 일부를 함께 지나왔습니다. 독서란, 저자의 삶과 겹쳐보는 일입니다. 지금 저는 이 후기를 쓰고 있고 당신은 그것을 읽고 있지요. 당신은 책이라는 타임머신을 타고 시간을 거슬러 저를 체험하고 있는 것입니다. 제가 키득키득 웃고 있을 때, 아마 여러분도 같이 웃으셨을 겁니다.

물리학 연구는 과거의 물리학자를 체험하는 일로부터 시작합니다. 논문을 읽는다는 것은 그 저자의 물리학을 그대로 다시 겪어보는 일입니다. '어라, 나와는 생각이 다르네!'라고 생각한 바로 그 순간 새로운 물리학이 시작됩니다. 저는 그런 차이를 논문으로 씁니다. 그 논문을 읽으며 저의 물리학을 다른 물리학자가 다시 체험해줍니다.

물리학 논문을 읽는 물리학자들 사이에서만 벌어지는 이 '추체험 게임'을 더 많은 사람들이 함께 맛보고 즐겼으면 좋겠다. 그런 생각에 저서 《세상에서 가장 재미있는 물리 이야기》를 썼습니다. 그때 아쉽게도 다 싣지 못한 네 편의 짧은 글은 '일상 속 사고법'이라는 제목을 붙여 이 책에 후주곡처럼 실었습니다. 하나만 읽어보셔도 제 일상이 어떤 사람과 함께 만들어지고 있는지 잘 드러났을 것 같습니다. 이 기회를 빌려 아내 하루코에게 감사의 마음을 전합니다.

또 저를 놀라운 일상으로 이끌어주신 부모님, 그리고 저의 놀라운 일상을 받아주신 편집자 다나카 이오리 씨에게도 감사드립니다.

'놀라운 일상'이란 뭘까요? 사실은, 여러분의 일상도 이미 놀랍습니다. 우리 몸에는 우주의 초신성 폭발과 중성자별의 합체로 생긴 무거운 원소들이 들어 있습니다. 상상을 초월한 수의 소립자들이 모여 사람의 몸을 만들고, 그 몸이 의식을 얻어 지금 이 책을 읽고 있는 것입니다. 얼마나 기적 같은 일상인가요.

당신의 마음에, 과학을.

2024년 3월 29일

교토에서 하시모토 고지

옮 긴 이
정 문 주

한국외국어대학교 통번역대학원 졸업 후 통·번역가, 출판기획자, 일본어 강사, 저자로 활약 중이다. 국내 최대 출판기획사 엔터스코리아에서도 활발히 번역 활동 중이다.

주요 역서로는 《시골빵집에서 자본론을 굽다》《거리를 바꾸는 작은 가게》《물리를 알아야 돈이 보인다》《도쿄대 리더육성 수업》《고목 원더랜드》 등이 있다.

나는 물리학으로 세상을 다르게 본다

초판 1쇄 발행 · 2026년 01월 21일

지은이 · 하시모토 고지
옮긴이 · 정문주
발행인 · 이종원
발행처 · (주)도서출판 길벗
브랜드 · 더퀘스트
주소 · 서울시 마포구 월드컵로 10길 56 (서교동)
대표 전화 · 02) 332-0931 | 팩스 · 02) 323-0586
출판사 등록일 · 1990년 12월 24일
홈페이지 · www.gilbut.co.kr | **이메일** · gilbut@gilbut.co.kr

책임 편집 · 송혜선(sand43@gilbut.co.kr) | **제작** · 이준호, 손일순, 이진혁
마케팅 · 정경원, 김선영, 정지연, 이지원, 이지현 | **유통혁신** · 한준희
영업관리 · 김명자, 심선숙 | **독자지원** · 윤정아

디자인 및 전산편집 · [★]규
인쇄, 제본 · 정민

ISBN 979-11-407-1726-2 (03420)
(길벗 도서번호 040314)

정가 18,000원

- 더퀘스트는 (주)도서출판 길벗의 인문교양, 비즈니스 단행본 브랜드입니다.
- 이 책은 저작권법의 보호를 받는 저작물로 이 책에 실린 모든 내용, 디자인, 이미지, 편집 구성은 허락 없이 복제하거나 다른 매체에 옮겨 실을 수 없습니다.
- 인공지능(AI) 기술 또는 시스템을 훈련하기 위해 이 책의 전체 내용은 물론 일부 문장도 사용하는 것을 금지합니다.
- 잘못 만든 책은 구입한 서점에서 바꿔 드립니다.

인스타그램 www.instagram.com/thequest_book